U0394909

PLANET EARTH

我的趣味地球课

—博物地球—

张玉光◎主编

闪耀的46亿年

北方妇女儿童出版社

·长春·

图书在版编目（CIP）数据

闪耀的 46 亿年 / 张玉光主编. -- 长春：北方妇女儿童出版社，2023.9

（我的趣味地球课）

ISBN 978-7-5585-7752-9

Ⅰ. ①闪… Ⅱ. ①张… Ⅲ. ①地球—少儿读物 Ⅳ. ① P183-49

中国国家版本馆 CIP 数据核字（2023）第 161903 号

闪耀的46亿年

SHANYAO DE 46 YI NIAN

出版人 师晓晖
策划人 师晓晖
责任编辑 于洪儒
整体制作 日知图书 北京日知图书有限公司
开本 720mm × 787mm 1/12
印张 4
字数 100千字
版次 2023年9月第1版
印次 2023年9月第1次印刷
印刷 鸿博睿特（天津）印刷科技有限公司
出版 北方妇女儿童出版社
发行 北方妇女儿童出版社
地址 长春市福祉大路5788号
电话 总编办：0431-81629600
发行科：0431-81629633
定价 50.00元

目录

CONTENTS

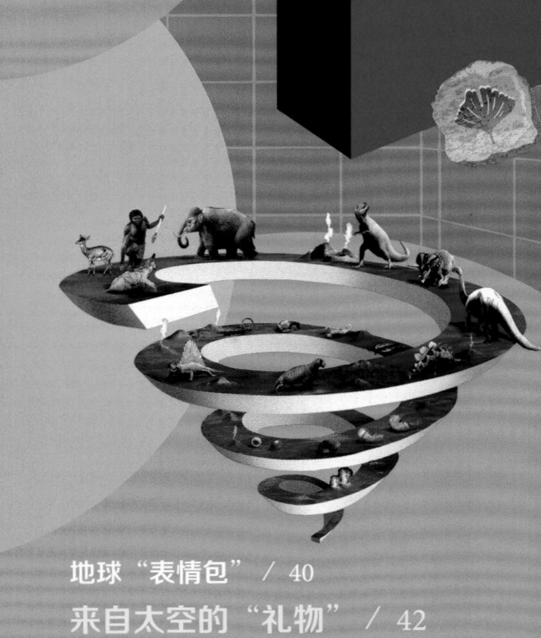

地球身份大公开

今天我们生活的地球，树木丛生、河流奔涌，有许多可爱的小生灵。你一定想象不到，在46亿年前，地球还只是一个巨大而灼热的岩石球。经过漫长的时光变迁，地球上有了稳定的固体表面、空气和水，有了植物、动物和我们的祖先。想要认识地球，从了解它的一张“身份证”开始吧！

我在这里，我与太阳的距离不远不近，刚刚好，所以更适宜生物生存。
水星
金星
地球
火星
木星
土星
天王星
海王星
报告！我是太阳系三号星球！

认识地球，先从认识太阳系开始吧。太阳系以太阳为中心，绕着银河系中心旋转，包括地球在内的8颗行星构成了一个绕太阳旋转的行星系统，地球是太阳系大家族中的三号星球。

地球身份证

 半径	地球是个不规则球体，极半径约为6357千米，赤道半径约为6378千米。
 赤道	环绕地球表面最长的条形地带为赤道，长约4万千米，一个人沿着赤道步行绕地球一圈要花一整年时间。
 大小	八大行星中大小排第五。
 表面积	地球表面总面积约为 5.1×10^{8} 平方千米。
 体积	体积约为 1.083×10^{12} 立方千米。

地球成长记

在地球诞生最初的数亿年间，原始地球的地壳非常薄，常常有小天体不断撞击地球。那时候的地球是一个有点儿“暴脾气”的不规则球体，面对小天体的撞击，地球内部熔岩不断上涌，地震频繁发生，火山喷发随处可见。

大概在距今25亿～5.7亿年前，地球上出现了大片相连的陆地，火山活动排放的气体上升，形成了原始的大气圈。随后，地球温度逐渐下降到100℃以下，虽然在今天看起来温度依然很高，但足以让大气中的水蒸气不断凝结，形成海洋。

可别以为最初的海洋就是今天这样，那时候的海水缺氧且呈酸性。后来，随着生命的出现和演进，绿色植物的光合作用慢慢改变了大气和海洋的组成成分。

奇妙时刻 太阳是一个炽热的气体球，体积为地球的 130 万倍，质量为地球的 33 万倍。

探险奇妙地球

地球其实并不是规则的正球体，而是个梨形的不规则椭球体，它的赤道部分鼓起，像“梨身”；北极有点儿尖，像“梨蒂”；南极有点儿凹进去，像“梨脐”。

地球大变身

太阳形成。

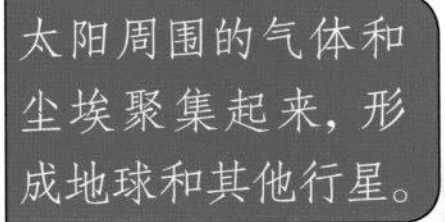
太阳周围的气体和尘埃聚集起来，形成地球和其他行星。

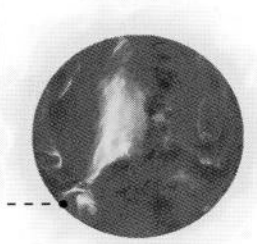

开始形成地核。

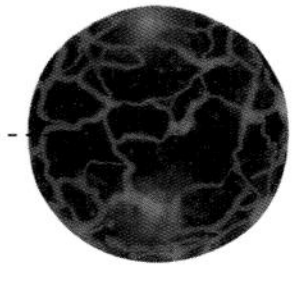

大量的气泡升到空中形成大气。

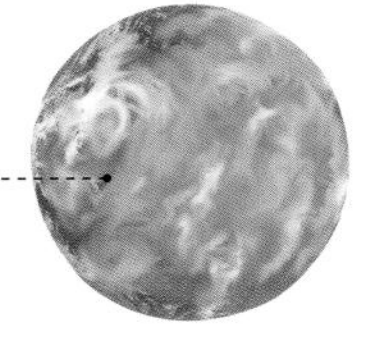

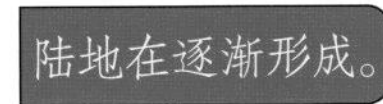
陆地在逐渐形成。

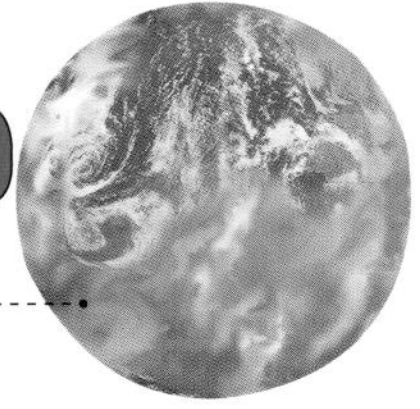

今天的地球。

一切都刚刚好

地球上为什么会存在生命？这与地球的特性密不可分。地球与太阳距离刚刚好，不远不近，使得地球的温度也刚刚好，这便保证了液态水的存在。如果距离太近，水就会被蒸干；而距离太远的话，水又会冻结成冰。这两种情况都会影响生命的形成。

地球的另一个特性是，稳定的大气层刚刚好，因为地球引力刚好使大气聚集在地球周围，而且大气层也减轻了地球遭受宇宙辐射的影响。地球是目前已知的唯一有生命存在的星球，适宜的条件让我们的家园变得“完美”，这是不是很奇妙？

我的地球课堂

地球与太阳的平均距离约为 **1.5 亿千米**。

地球的天然卫星只有一个，它就是月球，地月距离约为 **38.4 万千米**。月球的引力作用也是地球上存在生命的重要条件之一。

地球大约有 **46 亿岁**了，在漫长的时间里，地球仍在不断运动着。地球内部的碳、铁等对于生命来说很重要的元素也在不断循环和进行分配。

蓝色水球

地球还有个别名叫“水球”，因为我们居住的地球有 2/3 的面积被海水覆盖。从任意位置把地球一分为二，海洋面积总是会超过陆地面积。航天员从遥远的太空望向地球时，会发现地球上的陆地都被彼此相连的海洋包围着，大陆更像是漂浮在蓝色海洋中的岛屿。

如果把 46 亿年浓缩成 1 年

我们常说地球已有约 46 亿岁了，人类在地球上生活才不到 500 万年，如果把地球的发展变迁史浓缩到 1 年的时间里，你能想象到我们人类竟然是在 12 月 31 日接近午夜时分才出现的吗？让我们来看看地球在这“1 年”时间里经历了什么吧。

真核细胞生物出现，最晚期出现软躯体的后生生物。

冥古宙（46 亿年前） | 太古宙（距今 36 亿～25 亿年） | 元古宙（距今 25 亿～5.43 亿年）

1月：宇宙间的气体尘埃聚集，充满沸腾岩浆的地球诞生了；某一天，月球形成。

2月：地球外冷内热，火山持续喷发，海洋形成。

3月：最早的生命细菌出现了。

4月

5月：原始单细胞生物出现。

6月：地球温度持续下降。

地球经历的5次生物大灭绝

吼吼……

必须要逃出去……

1 距今4.4亿年的**奥陶纪末期**
大约 85% 的物种灭绝。

2 距今3.65亿年的**泥盆纪末期**
海洋生物遭受灭顶之灾。

3 距今2.52亿年的**二叠纪末期**
海洋中95%以上和陆地上75%以上的生物物种大灭绝。

4 距今 2 亿年的**三叠纪末期**
爬行类动物遭到重创。

5 6600 万年前的**白垩纪末期**
侏罗纪以来长期统治地球的恐龙灭绝。

寒武纪
奥陶纪
海生无脊椎动物繁盛。
古生代
（距今 5.43 亿～2.5 亿年）
志留纪
裸蕨植物出现。
泥盆纪
鱼类时代。
石炭纪
二叠纪
两栖类时代；蕨类植物繁盛。
三叠纪
中生代
（距今 2.5 亿～6600 万年）
侏罗纪
白垩纪
裸子植物繁盛；
恐龙时代。
古近纪
新近纪
哺乳动物和被子植物繁盛；
鸟类兴起。
新生代
（距今 6600 万年至今）
第四纪
人类进化发展。
显生宙（5.43 亿年前至今）
7月
8月
9月
10月
11月
12月
多细胞生物出现，寒武纪生命大爆发。
2 日
两栖动物出现，蕨类植物繁盛。
24 日
昆虫出现。
22 日
陆生植物繁盛。
20 日
鱼类繁盛，裸蕨植物繁盛。
18 日
无脊椎动物繁盛，藻类及菌类繁盛，将大量二氧化碳转化成氧气，大气含氧量飙升，并逐渐形成臭氧层，这为后来的生物出现打下很好的基础。
爬行动物出现，裸子植物繁盛。
7 日
哺乳动物出现，被子植物繁盛。
13 日
23:36 智人出现。
23:59 人类进入农业社会。
23:59:51 中国处于明朝时期。
23:59:58 工业革命来临。
23:00
恐龙称霸陆地。
16 日
鸟类出现。
20 日
白垩纪末期恐龙灭绝。
27 日
原始人类开始直立行走。
11:30
31 日

这个数字可不是凭空想象出来的。科学家们通过对各个时代地层中化石的研究，将地球演化的历史分成若干年代，称之为地质年代。我们常常听到的古生代、侏罗纪等都是地质年代的名称。地质年表是关于地球重大事件的“历书”。人们把地球形成至今为止的全部时间，划定为抽象的时间单位：宙、代、纪、世、期，与其相应的年代地层单位为：宇、界、系、统、阶。

转啊转的四季风景

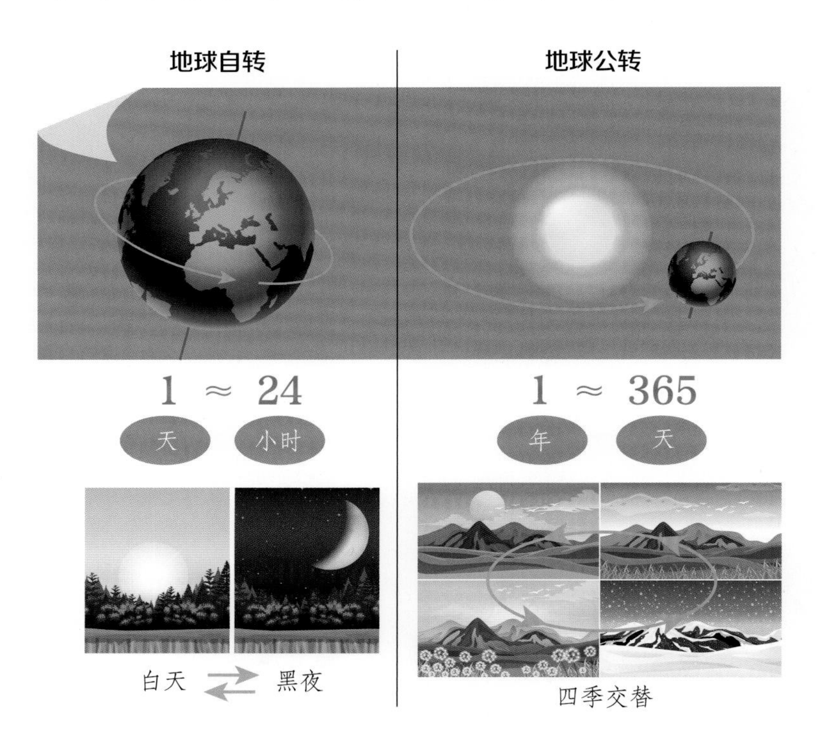

地球自转
地球公转
1 ≈ 24
天
小时
1 ≈ 365
年
天
白天
黑夜
四季交替

站在地球上的你虽然感觉不到地球在动，但事实上，地球作为太阳系的行星之一，它不仅围绕太阳公转，还在昼夜不停地绕着地轴自转。地球围绕太阳公转形成了一年春、夏、秋、冬四季，绕地轴自转产生了白天与黑夜。

昼夜风光大不同

由于地球是一个不发光、不透明的球体，因此当地球自转时，总是一面对着太阳，另一面背着太阳，于是就产生了昼夜更替。地球自转一周大约需要24小时（目前精确时间为23小时56分4秒），称为一个“恒星日”，而我们通常所说的“一天”为太阳日，即24小时。

倾斜的地球

地球自转所围绕的地轴并不是垂直的，而是有一个倾斜角度，这个角度体现为地球的赤道面与运行轨道面（即黄道面）的交角，称为“黄赤交角”。黄赤交角的角度为23° 26′，地球仪就是根据这个倾斜角度来制作的。

我的地球课堂

哥白尼首先完整提出地球自转和公转概念。
地球的公转周期为 365.25 个地球日。
地球的公转速度约为 29.8 千米/秒。
地球自转的方向是自西向东。

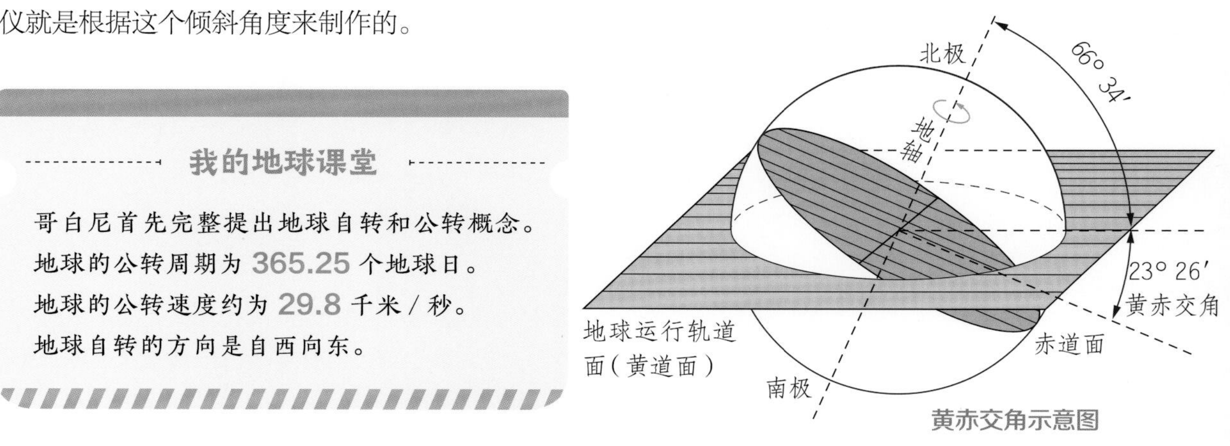

北极
66° 34′
地轴
23° 26′
黄赤交角
地球运行轨道面（黄道面）
赤道面
南极

黄赤交角示意图

色彩缤纷的四季

地球一边自转，一边绕着太阳公转。由于地球公转和黄赤交角的存在，使地球上同一地点在不同时间昼夜长短、获得的太阳热量都不同，这就产生了四季更替。夏季是一年中白昼最长、太阳最高的季节，冬季则相反，春、秋两季属于过渡季节。

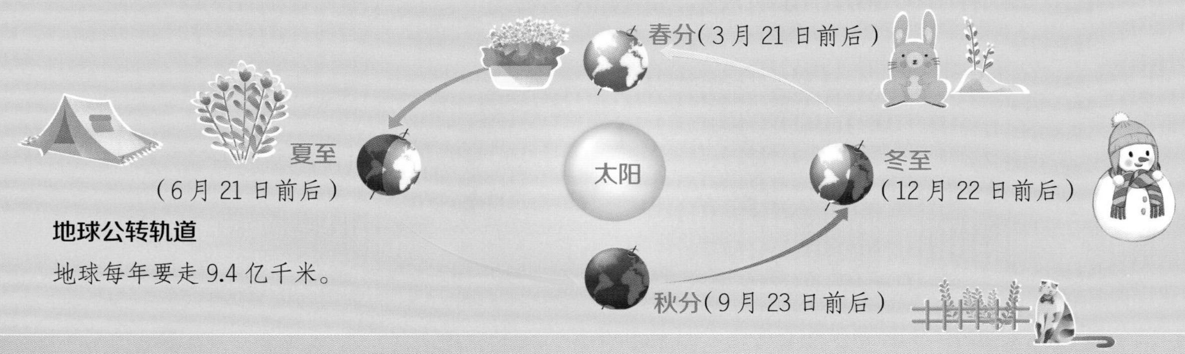
春分（3 月 21 日前后）
夏至
（6 月 21 日前后）
太阳
冬至
（12 月 22 日前后）
秋分（9 月 23 日前后）

地球公转轨道

地球每年要走 9.4 亿千米。

神奇的五大温度带

按照各个不同区域获得太阳热量的多少，人们把地球分为五大温度带，分别是热带、北温带、南温带、北寒带和南寒带。热带与南、北温带的分界线分别是南、北纬 23° 26′ 的南、北回归线；温带与寒带的分界线分别是南、北纬 66° 34′ 的南、北极圈。在一年当中，纬度越高的地区获得的光照越少，于是地球气候的分布呈现出按纬度分布的地带性。

为了确定地球上各个地方的准确位置，人们为地球绘制了一张经纬网。

纬线是地球表面任意一点随地球自转形成的圆圈，越靠近两极的地方纬度越高。

经线是连接南、北两极，并且垂直于赤道的弧线。

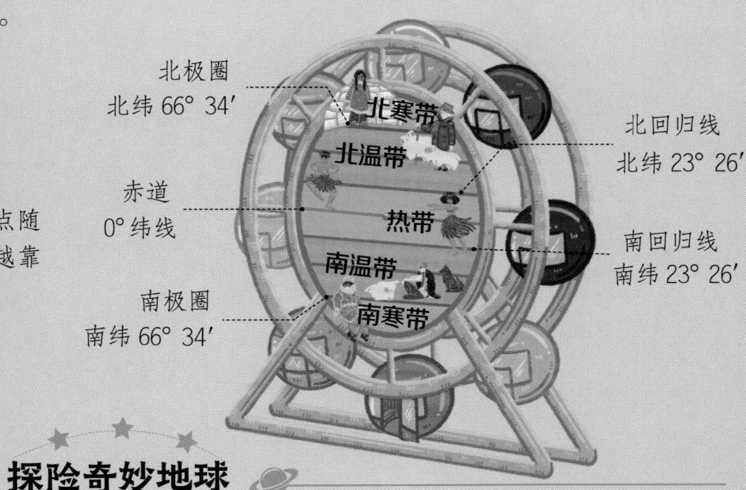
北极圈
北纬 66° 34′
北寒带
北温带
赤道
0° 纬线
热带
南温带
南极圈
南纬 66° 34′
南寒带
北回归线
北纬 23° 26′
南回归线
南纬 23° 26′

探险奇妙地球

我们日常生活中使用的“公历”是每年 365 天（闰年 366 天），每年 12 个月，有 31 天或 30 天的大小月之分（其中平年 2 月为 28 天，闰年 2 月为 29 天）。在中国，民间还会使用传统的农历，农历按照月相的变化周期来记月，并且设有 24 个节气，节气对于民间的农事活动有重要的指导作用。

深入地心去探险

如果你用一把铲子去挖地，也有足够的力气和时间一直挖下去的话，你会发现地球的内部是一层一层的，它像一块“千层蛋糕”，由三个主要圈层构成，地球上的生命就生活在“蛋糕”表面那层薄薄的“奶油”上。

地球内部的风景

法国的科幻小说先驱儒勒·凡尔纳在《地心游记》中描述了地球内部的巨大海洋，要想知道地球深处长什么样，那么最好挖个洞看看。你会在地球内部看到什么样的景色呢？为了去地球内部一探究竟，科学家们做过哪些努力呢？从陆地上挖个洞，你可能会看到下面的风景。

地球的内部圈层

1 地壳

❶地壳中的物质含量最多的化学元素有**9种**，分别是氧、硅、铝、铁、钙、钠、钾、镁、锌。

❷地壳分**上、下两层**，上层主要由花岗岩组成，主要成分是硅、铝元素；下层主要由玄武岩组成，主要成分是镁、硅元素。

2 地幔

地幔厚度约为 2900 千米，约占地球总体积的 83%。

3 地核

❶**总厚度**约为 3480 千米

❷**外核厚** 2258 千米

❸**内核厚** 1222 千米

目前世界上最深的大陆钻孔深度只有约 12 千米，连地壳都没有穿透。科学家只能通过研究地震波、地磁要素和火山爆发来间接地揭示地球内部的奥秘。

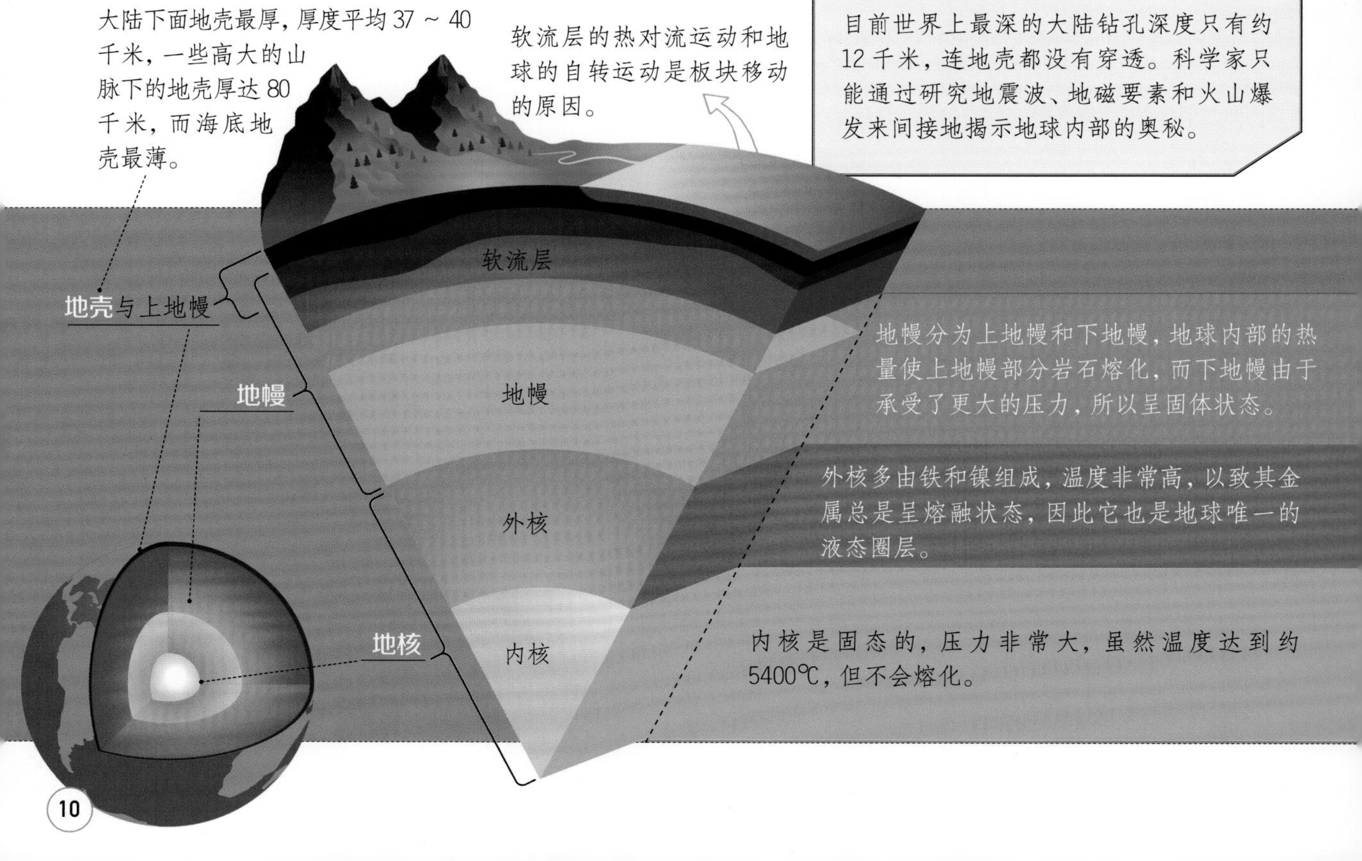

大陆下面地壳最厚，厚度平均 37 ~ 40 千米，一些高大的山脉下的地壳厚达 80 千米，而海底地壳最薄。
软流层的热对流运动和地球的自转运动是板块移动的原因。
软流层
地壳与上地幔
地幔
地幔
地幔分为上地幔和下地幔，地球内部的热量使上地幔部分岩石熔化，而下地幔由于承受了更大的压力，所以呈固体状态。
外核
外核多由铁和镍组成，温度非常高，以致其金属总是呈熔融状态，因此它也是地球唯一的液态圈层。
地核
内核
内核是固态的，压力非常大，虽然温度达到约 5400℃，但不会熔化。

○喜欢住在地下的穴居动物

草原上生活着许多小型哺乳动物，它们为了逃避大火和捕食者的捕猎而蛰居在地下洞穴内。它们在地下挖洞有利于混合土层，使土壤变得肥沃，使矿物质不只堆积在地面上。

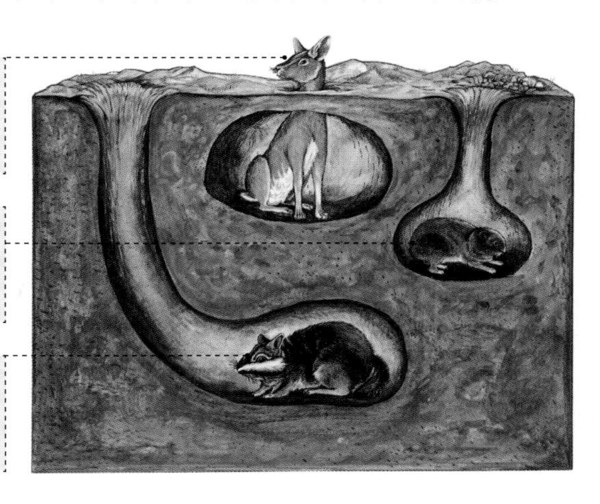

南美洲巴塔哥尼亚野兔群居在地洞内，最多时每穴可达40只。

豚鼠通常隐居在岩石下面或其他动物挖掘的地洞内。

大花栗鼠可以挖出大型的地道网，它们通常在晚上出来吃草和其他植物。

○地球内部的高热熔岩

地球内部的温度非常高，足以使岩石熔化，形成岩浆。这些岩浆在岩层内部像水一样或快或慢地流动着。当岩浆聚集在离地表较近的地方，并且气体压力足够大时，气体便会推动岩浆喷出。

岩浆喷发
岩浆是地球内部上地幔和地壳深处自然形成的炽热熔融体。

深海钻洞

想要钻透厚厚的大陆地壳谈何容易，相对来说，海洋地壳的平均厚度只有7千米，在某些特殊地带，海底地壳的厚度只有5千米。所以，从深海的薄地壳往下钻探，成了科学家一致的观点。因此，各国都在大力发展海底钻机。2021年4月7日，高7.6米、重12吨的中国“神兽”海牛II号，潜入了南海超2000米深的水下，成功下钻231米，成为目前世界上唯一一台海底钻深大于200米的深海海底钻机。

○地下喀斯特地貌

- **代表景观：** 中国贵州的织金洞、斯洛文尼亚的波斯托伊纳溶洞。
- **成因：** 溶洞是喀斯特地貌的一种，是水对可溶性岩石进行溶蚀作用而形成的。

织金洞是世界上最美、最奇的溶洞之一，是中国大型溶洞之一，是中国国家级风景名胜区。

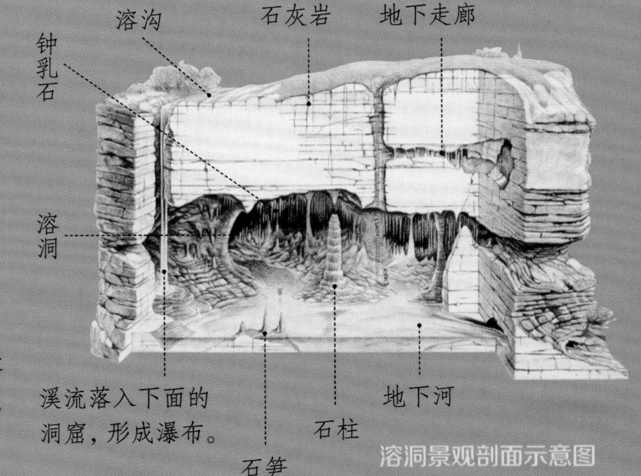
钟乳石
溶沟
石灰岩
地下走廊
溶洞
溪流落入下面的洞窟，形成瀑布。
石笋
石柱
地下河

溶洞景观剖面示意图

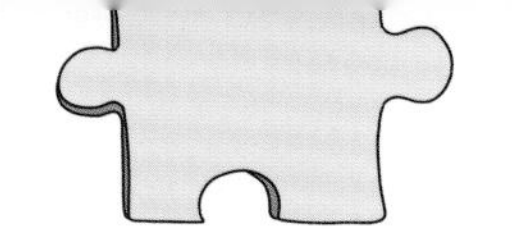

板块的奇幻漂流

如果你有一张世界地图，看看南美洲和非洲是不是可以拼在一起呢？在 20 世纪初，躺在病床上的德国气象学家魏格纳发现了这一现象，于是一个大胆的猜测从魏格纳的脑海中“蹦”了出来：在很久很久以前，南美洲大陆和非洲大陆会不会是连在一起的呢？魏格纳经过多方考证，提出了大陆漂移学说，人们才渐渐认识到今天的七大洲原来是一整块陆地分离成的七块“拼图”。

始于 2 亿年前的
一场漂流
2 亿年前 地球只有一块超级古陆。
约 1.8 亿年前 超级古陆开始分裂。
1.35 亿年前 大西洋已经扩张。
1000 万年前 大西洋扩大了许多，几大洲初步形成。
二三百万年前 大概形成今天的样子。
北美大陆和欧洲之间以每年大约2厘米的速度分离。
位于欧洲和非洲之间的地中海在不断缩小。有人预言，几千万年后，地中海将会消失。

六大板块的诞生

这块超级古陆不停地运动、漂移、分裂，形成我们熟知的太平洋板块、亚欧板块、非洲板块、印度洋板块、美洲板块、南极洲板块这六大板块，它们都漂浮在具有流动性的上地幔软流层上。直到现在，这些大陆板块每年还在不停地运动着。

探险奇妙地球

魏格纳为了证明大陆漂移学说，曾到大西洋两岸的国家考察当地的古生物和地质构造，发现它们之间存在高度的相似性，就像一张撕开的报纸，重新拼合后，还能完全吻合一样。魏格纳将他的发现写进了《海陆的起源》一书中，直到他去世二三十年后，大陆漂移学说才被学术界普遍接受。

好动的板块

这些地球板块有时候会互相“打闹”，有时又彼此分离，这就形成了板块碰撞、板块张裂运动。这些运动就像魔法，有时瞬间会让我们熟悉的世界大变样，比如地震、海啸、火山等；有时却发生得非常缓慢，要很多年甚至上千万年之后才会被发现。你能想象在千万年之前，我们地球的最高山喜马拉雅山所在处还是一片汪洋吗？在地壳运动的内外力作用下，地球上出现了山脉、褶皱、断层及裂谷、海沟等不同的地质构造和地貌。在这些板块运动过程中，也诞生了许多有名的“运动员”。

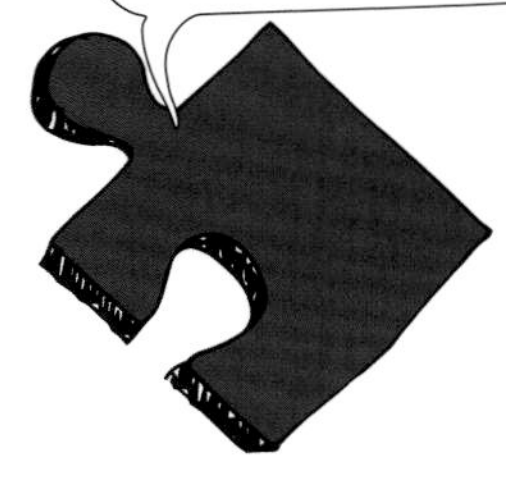
根据测量，亚洲和非洲之间的红海在不断扩张。有人预言，几千万年后，红海将成为新的大洋。

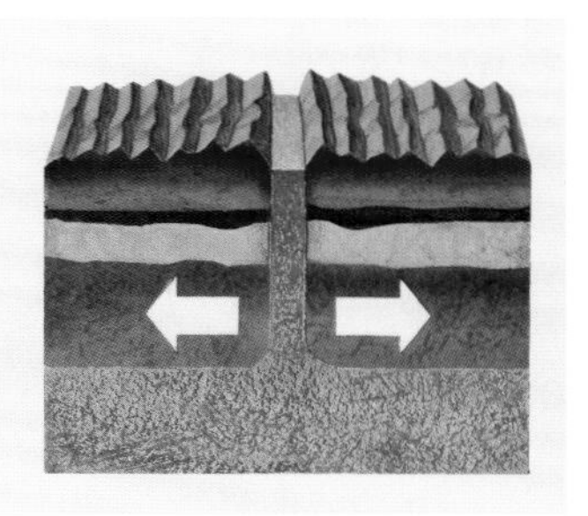

板块张裂
板块张裂形成裂谷或海洋。

代表“运动员”：东非大裂谷和大西洋

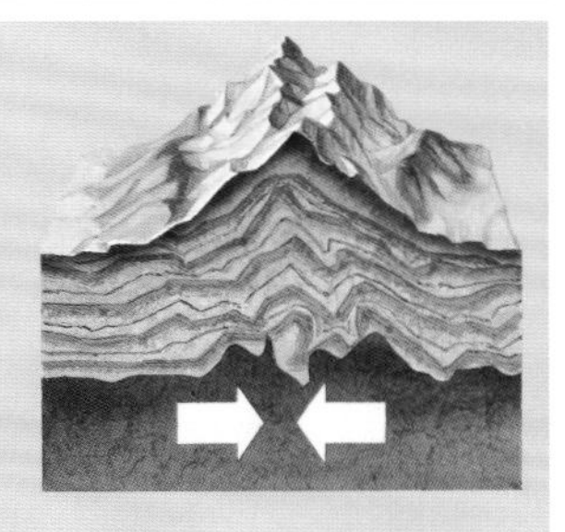

板块碰撞
当两个大陆板块相互碰撞时形成褶皱山脉。

代表“运动员”：喜马拉雅山和阿尔卑斯山

错动滑移
板块之间相互摩擦并侧向滑动，会发生偶发性地震。

大洋板块与大陆板块互相发生碰撞，在大洋板块边缘形成海沟。
代表“运动员”：马里亚纳海沟

板块运动示意图

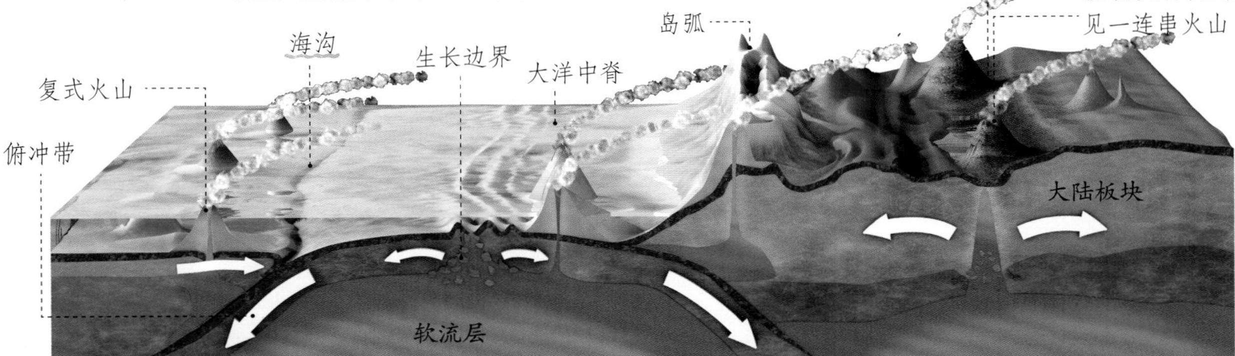
复式火山
俯冲带
海沟
生长边界
大洋中脊
岛弧
软流层

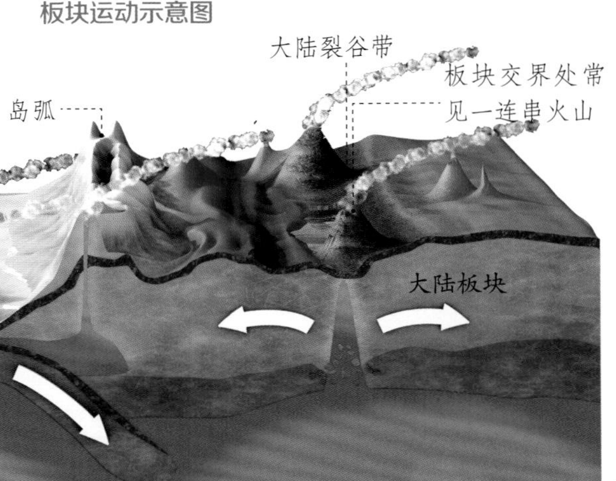
大陆裂谷带
板块交界处常见一连串火山
大陆板块

地表上的“高个子”

漫长的地球演化史，可以说是地壳运动的演变史。地壳运动的形式有造山运动、地震、火山爆发等，而造山运动是地壳运动的重要方式。有的高山形成于地震，有的源自火山爆发。世界上大多数大型山脉则是被“挤”出来的。一条条高大的山脉构成了地球上最雄伟壮丽的风景线，也是对地球最有力的“注脚”。

- 地层挤压时形成褶皱，褶皱碎裂后形成年轻山脉特有的尖峭轮廓。
- 随着时间推移，碎片会分布在褶皱之间，尖峭的山峰变得和缓。
- 板块沉降部分在地球深处被熔化，形成岩浆，有时又上升，形成强大的火山运动。

世界最高峰

世界最高峰喜马拉雅山的主峰——珠穆朗玛峰，位于中国和尼泊尔边境，其海拔为 8848.86 米。随着板块运动的不断进行，这一高度还在不断增加。由于海拔太高，珠峰峰顶空气稀薄、气温很低，积雪终年不化，冰川随处可见。尽管环境恶劣，但是仍有很多人向珠峰发起一次次的“冲锋”。

碰撞成高山

“好动”的板块会不断相互碰撞、挤压，于是一座座高山就在地球上隆起。如果一个板块上的海底与岛屿一起上升，上升到一定高度时也会形成山脉。

断层构造

地堑

岩块下降为地堑，如汾河谷地。

地垒

岩层断裂变形后形成断层，岩块上升为地垒，多形成断块山，如庐山、泰山、华山。

雪豹为高山哺乳动物，是栖息地海拔最高的一种肉食动物，常在雪线附近和雪地间活动，中国天山等高海拔山地是雪豹的分布地，中国境内的野生雪豹数量为 2000～3000 只，占世界总量的 60% 以上。

奇妙时刻 位于智利、阿根廷边境的阿空加瓜山海拔 6960 米，为西半球最高峰。

喜马拉雅山脉长约 2450 千米，相当于从北京到海南岛的距离。

6500 万年的山脉很年轻

科学家根据山地的年龄和形状，将一般形成于 3 亿多年前的山地称为老年山地。这些山地因为受到长时间的自然侵蚀，整个山体呈圆滑的曲线，一般平均高度都不高。幼年山地一般都形成不到 6500 万年，山体一般都峰高谷深，棱角分明。

山脉不止在地上

高耸的山脉实际上是漂浮在地壳下呈熔融状的地幔之上的。因此，我们把山脉想象成一座巨大的冰山。只有山巅露出地面，其余庞大的体积则像树根一样深植在地幔里。例如，夏威夷的冒纳凯阿火山耸立在太平洋底，高达 10203 米，比珠穆朗玛峰的海拔高度约高出 1354 米，但是它的山脚在水下，山顶仅高于海平面 4205 米。

雪兔子分布在云南、西藏四五千米的高海拔地区，浑身长满了细长的“绵毛”。

高山植物塔黄的叶片层层交叠，形成了天然“温室”，为宝贵的花部器官防风保暖。

安第斯山脉位于南美大陆西部，属美洲科迪勒拉山系，绵延 8900 多千米。它是世界最长的山脉，拥有 50 多座海拔 6000 米以上的高峰。

绿绒蒿集中生长在海拔 3000～5000 米的高寒地带，能开出艳丽的蓝色或紫色花朵，吸引昆虫前来传粉。

乞力马扎罗山是非洲最高的山，基博峰海拔 5895 米，是非洲最高点。虽然位于赤道地区，但山顶白雪皑皑，形成了“赤道雪山”奇观。

阿尔卑斯山约占瑞士总面积的 60%，是意大利与法国、瑞士、奥地利和斯洛文尼亚的天然分界线。

牦牛是生活在海拔最高处的哺乳动物。世界上 80% 的牦牛生活在中国喜马拉雅山脉和青藏高原等地区。

摇摇晃晃的地震

地球有着属于自己的“魔法”，它赐予我们高山大川、朝霞落日，让我们感受到它的神奇与美丽。但事实上，表面看似安静的地球，内部却不停地变化着，这些变化会产生强大的“能量”。当“能量”达到一定程度时，地壳的岩层就会变形，甚至断裂、错动，这时就会发生轰隆隆的大地震了！

哎呀，大地裂了

我们生活的地球看似平静，但其实每隔30秒，世界上某个地方就会发生一次轻微的震动，有些我们能感觉到，有些却毫无察觉。

当大型地震来临时，那就糟了，大地剧烈晃动，地面开裂，房屋倒塌，甚至造成人员伤亡。如我们所知，地壳由不同的一直在缓慢移动的板块组成，当板块间互相碰撞时，在板块交界处会受强力挤压。于是，这股地球内部的巨大能量就像开闸的洪水一样，瞬间传到地球表面，引发巨大的震动，从而形成地震。

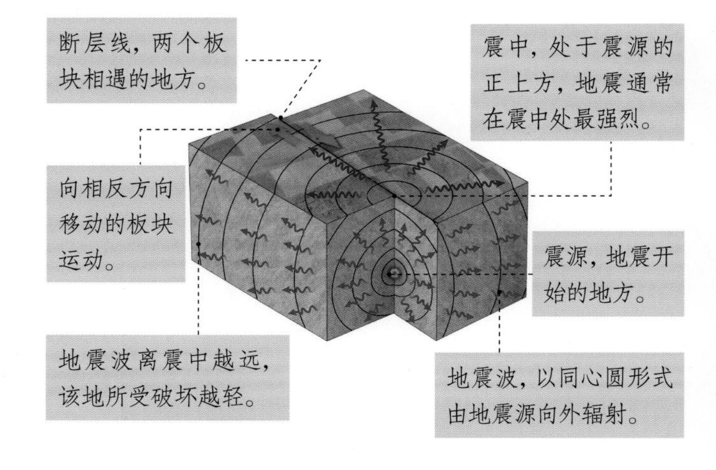
断层线，两个板块相遇的地方。
震中，处于震源的正上方，地震通常在震中处最强烈。
向相反方向移动的板块运动。
震源，地震开始的地方。
地震波离震中越远，该地所受破坏越轻。
地震波，以同心圆形式由地震源向外辐射。

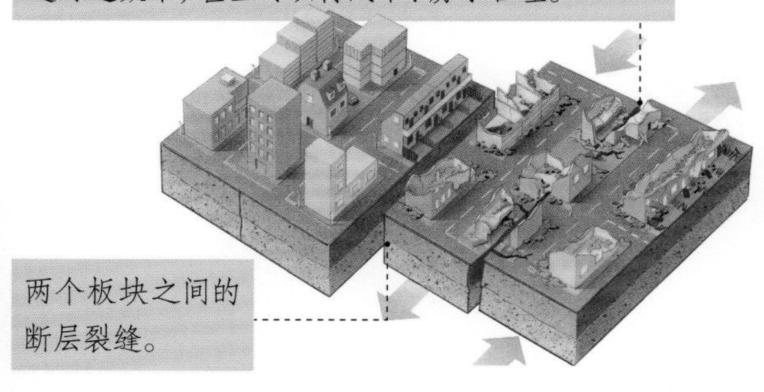
岩层沿着断层面滑动，引起地面摇动，有的地面裂缝可达数米，甚至可以将汽车、房子吞噬。
两个板块之间的断层裂缝。

沿着地球几大板块交界处形成了几条地震带。它不只在陆地上，也向海洋延伸。

世界三大主要地震带

环太平洋地震带

分布于濒临太平洋的大陆边缘与岛屿，集中了世界上80%的地震。

地中海—喜马拉雅地震带

横越欧、亚、非三洲，带状特性鲜明，集中了世界上15%的地震。

洋脊地震带

分布在全球各大洋脊的轴部，均为浅源地震，震级一般较小。

我的地球课堂

地震可以按照震源的深度来分类：震源在地下0～60千米的称为**浅源地震**；地下60～300千米的称为**中源地震**；地下300千米以下的是**深源地震**。大多数破坏性地震是浅源地震。

地震早知道

人类早在远古时代，就开始对地震进行监测。东汉时期的天文学家、发明家张衡就发明过地动仪。地动仪圆鼓鼓的身上有八条龙，每条龙嘴里都含着一个铜球，下面有八只张着嘴的蟾蜍，当感应到不同方向地震将要发生时，对应方向的铜球就会掉进蟾蜍的嘴里。但可惜的是，由于年代久远，地动仪已经失传，只留下一些简略的文字记载。

现在，科学家们发明了许多仪器，希望能够预测地震。但地震是个“狡猾”的家伙，人们至今仍然不能完全准确地预测它。

地震的连锁反应

地震除了直接毁坏建筑，造成人身伤亡和财产损失外，还可能引发各种各样的次生灾害，比如泥石流、岩崩与岩滑、雪崩等。

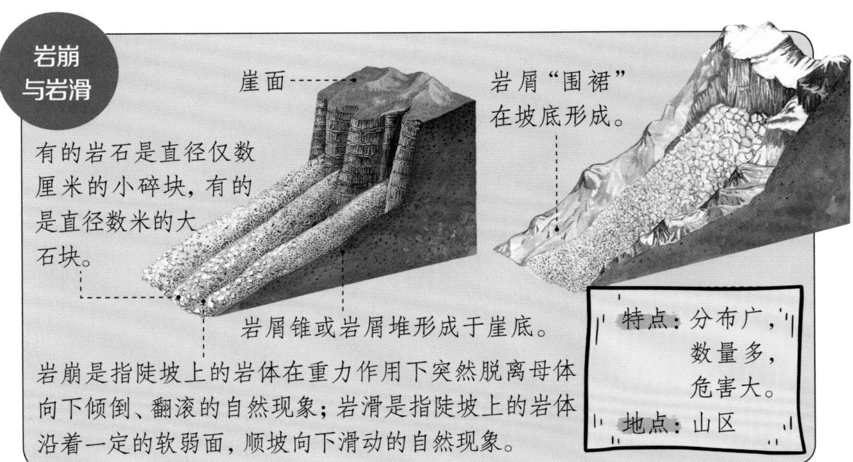
岩崩与岩滑
崖面
岩屑“围裙”在坡底形成。
有的岩石是直径仅数厘米的小碎块，有的是直径数米的大石块。
岩屑锥或岩屑堆形成于崖底。

岩崩是指陡坡上的岩体在重力作用下突然脱离母体向下倾倒、翻滚的自然现象；岩滑是指陡坡上的岩体沿着一定的软弱面，顺坡向下滑动的自然现象。

特点：分布广，数量多，危害大。
地点：山区

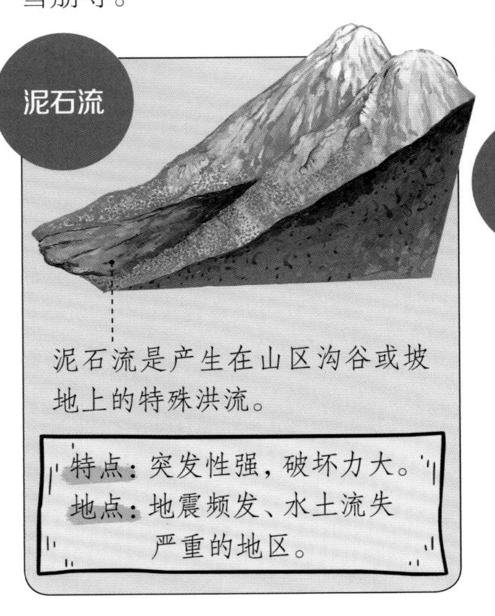
泥石流

泥石流是产生在山区沟谷或坡地上的特殊洪流。

特点：突发性强，破坏力大。
地点：地震频发、水土流失严重的地区。

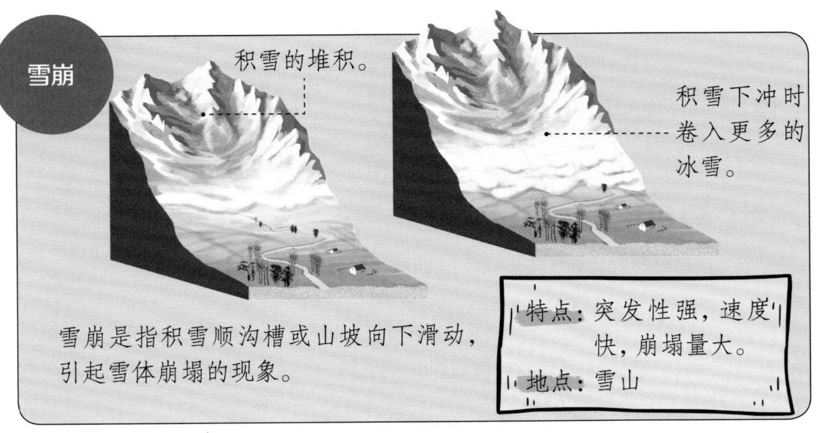
雪崩
积雪的堆积。
积雪下冲时卷入更多的冰雪。

雪崩是指积雪顺沟槽或山坡向下滑动，引起雪体崩塌的现象。

特点：突发性强，速度快，崩塌量大。
地点：雪山

探险奇妙地球

如果发生了地震，我们应该怎么做呢？住在高层的小朋友一定不要翻窗逃生，可以沿着楼道迅速前往开阔的地方，不要乘坐电梯。逃不出去时可以躲在屋里结实、不宜倾倒、能掩护身体的物体下或物体旁，要趴下、蹲下或坐下，保护头、颈等重要部位。逃出房屋后要远离高大的建筑物。

“暴脾气”的火山

在地球深处贮存着一种温度极高的物质——岩浆。它就像人体的血液一样，在地球内部上下流动。但岩浆可是个“暴脾气”的家伙，遇到地壳上的裂缝时常常暴躁地冲出地表，喷出灰烬、炽热的气体和黏稠的岩浆。听！火山喷发时巨大的轰鸣声就是岩浆在发怒呢！

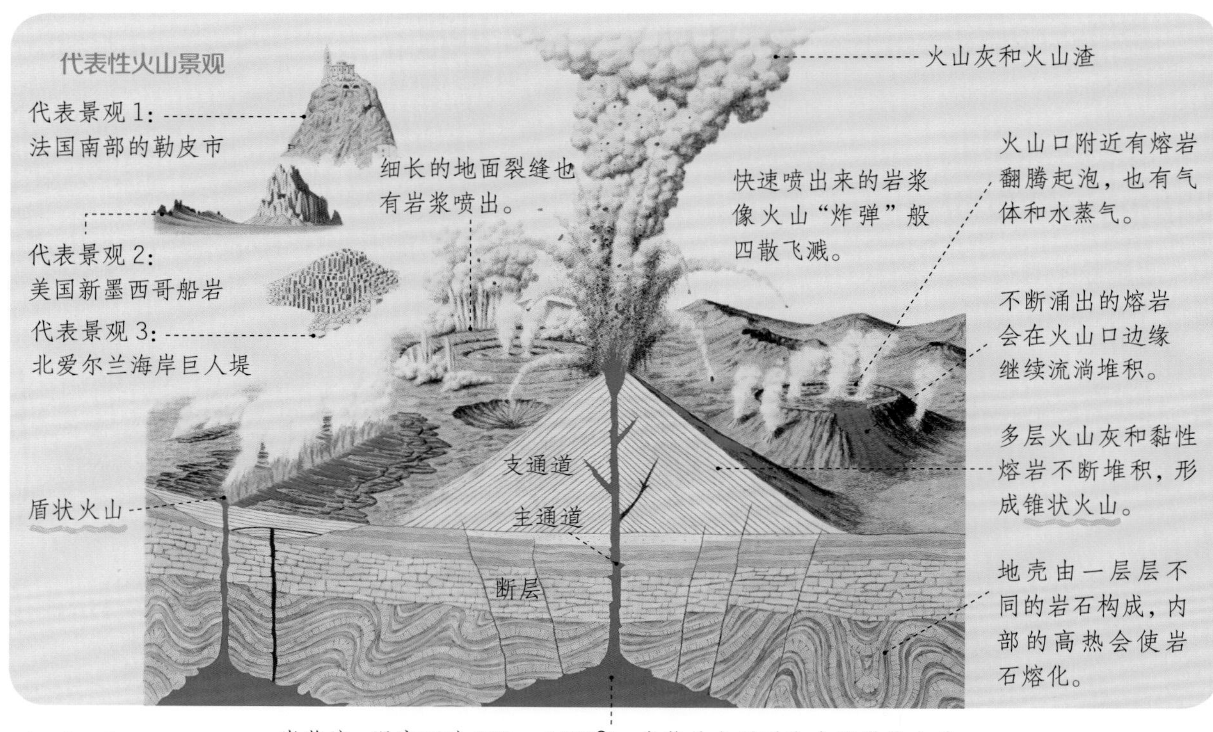

代表性火山景观
代表景观1：法国南部的勒皮市
代表景观2：美国新墨西哥船岩
代表景观3：北爱尔兰海岸巨人堤
火山灰和火山渣
细长的地面裂缝也有岩浆喷出。
快速喷出来的岩浆像火山“炸弹”般四散飞溅。
火山口附近有熔岩翻腾起泡，也有气体和水蒸气。
不断涌出的熔岩会在火山口边缘继续流淌堆积。
多层火山灰和黏性熔岩不断堆积，形成锥状火山。
盾状火山
支通道
主通道
断层
地壳由一层层不同的岩石构成，内部的高热会使岩石熔化。
岩浆库，温度可达700～1200℃，岩浆从主通道和支通道往上升。

火山来了

你能想象一条条闪闪发光的“火蛇”从山顶沿着山坡向下奔流吗？它炽热到足以把坚硬的钢铁熔化；山顶像个巨大的烟囱，热腾腾的烟灰、火焰“喷泉”般突突地往外涌，让人胆战心惊。看！火山爆发啦！

地壳运动使得地下岩浆被挤出地面，直冲云霄，岩浆冷却凝固后可形成不同的火山岩。每座火山都有自己的性格，岩浆厚重则会形成坡度陡峭的锥状火山；如果岩浆软而黏，则火山坡度相对平缓。

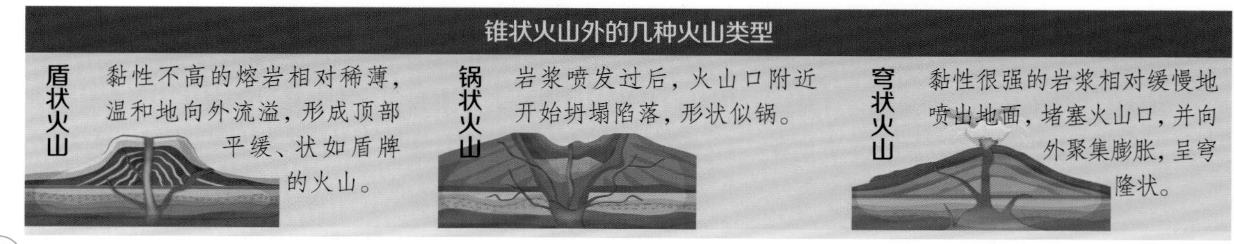

锥状火山外的几种火山类型
盾状火山
黏性不高的熔岩相对稀薄，温和地向外流溢，形成顶部平缓、状如盾牌的火山。
锅状火山
岩浆喷发过后，火山口附近开始坍塌陷落，形状似锅。
穹状火山
黏性很强的岩浆相对缓慢地喷出地面，堵塞火山口，并向外聚集膨胀，呈穹隆状。

我的地球课堂

火山喷出地表的过程可归纳为**三个阶段**：岩浆形成与初始上升阶段、岩浆囊阶段和离开岩浆囊到地表阶段。

火山的种类有很多，经常喷发的火山被称为活火山；暂时休眠、有可能还会喷发的火山称为休眠火山；不再喷发的火山称为死火山。

间歇泉
既美丽又可怕的间歇泉的泉眼仿佛巨型花朵，异彩纷呈并且深不见底。

好热好热的火山口

火山口是火山喷发时的出口，它通常位于火山的顶端。从形状上看，有的火山口像对称的圆锥，有的像平平的案板，有的像个凹陷的湖，真奇妙！但实际上，用漏斗来形容它们或许更合适一些。它们有一个长长的通道和地下的岩浆相连，当火山喷发时，岩浆就从这里喷出来。

从火山口喷到地面上的岩浆温度高达 700 ~ 1200℃。火山喷发还能将巨大的尘埃云团送上高高的天空，有些会像雨一样落到远处，覆盖在大地上。火山灰喷射的高度可达十几千米。

阶地
随着泉水的流动，碳酸钙不断沉淀，最终形成了梯田状的奇特造型，这就是土耳其的“棉花堡”。

火山喷发是地球自形成以来一直存在的一种地质作用，不同的火山活动也促成了不同地质地貌景观的形成。

火山口湖
火山多次喷发，形成若干火山锥，凹坑状的火山口可蓄水成为湖泊，称为火山口湖。

火山给地球的“温柔”

脾气暴躁的火山常常摧毁大片土地，威胁人们的生命财产安全，但归于平静后的火山又为人们提供了丰富的土地、矿产资源和自然景观。你知道吗，温泉、间歇泉等都与火山活动有着密不可分的联系，它们是火山留给地球的“温柔”。

地热泉
美国黄石公园内的牵牛花池就是一处地热泉，泉水中含有各种金属离子。

唤醒地下宝藏

在众多的矿产资源中，石油的用途可以说最广泛了。石油是世界上最重要的动力燃料，具有燃烧完全、发热量高、运输方便等特点。那你知道石油是怎样来到我们身边的吗？

漫长的沉积等待

大约在几亿年以前，海洋和湖泊中生活着大量的微小水生物，它们不断繁殖，死亡后沉积在水底，形成一层富含有机质的沉积物。经过漫长的演变，沉积物变为沉积岩，压力和热量使有机质逐渐变成无数细小的油珠，慢慢迁移到具有封闭结构的岩层中储藏起来，最终形成了石油。全球的石油均出自两个地质时期的岩层，即奥陶－泥盆纪和侏罗－白垩纪。

大型油轮一次可装载20万吨以上石油。

直升机起降场

石油燃烧后剩余的气体从烟囱排出。

海上钻井平台示意图

发现石油

石油常于地壳深部或浅海大陆架底下被发现。人们找到油田后要研究其所处的岩层，利用钻机钻探。钻到石油时，如果岩层内部压力较大，石油就能自动涌出。如果压力不够，就需要用泵把石油抽取上来。现在开采石油的技术已很发达，分为陆地石油开采和海底石油开采。海上钻井抽取的石油会通过输油管或油轮运到岸边。

沉积在水底的生物遗骸与空气隔绝，处于缺氧环境。
微生物分解形成有机质，新的沉积物不断积压，埋藏成岩。
地壳活动、高温高压等作用破坏了有机物，形成碳氢化合物。
碳氢化合物越积越多，在封闭的地层中储藏，形成石油。
天然气
石油
水

石油大变身

石油开采出来后，用输油管道或车辆等设备运到炼油厂，经过脱盐、脱水、脱酸的处理，完成初次加工。石油经加热炉进入分馏塔，加热后较轻的石油成分“气化”，在分馏塔内上升，在不同温度下冷凝形成汽油、煤油、柴油等，较重的石油成分则从塔底流出，可再次进行加工。

石油燃料在未进行加工前被称为原油，原油是黏稠状液体，是可燃有机矿产。石油一经华丽变身，在工业、农业、交通运输和日常生活等各个方面应用广泛。除了铺路的沥青，农业生产用的化肥也以石油为主要原料。另外，洗衣粉、肥皂、牙刷、雨衣等日用品也和石油有关。

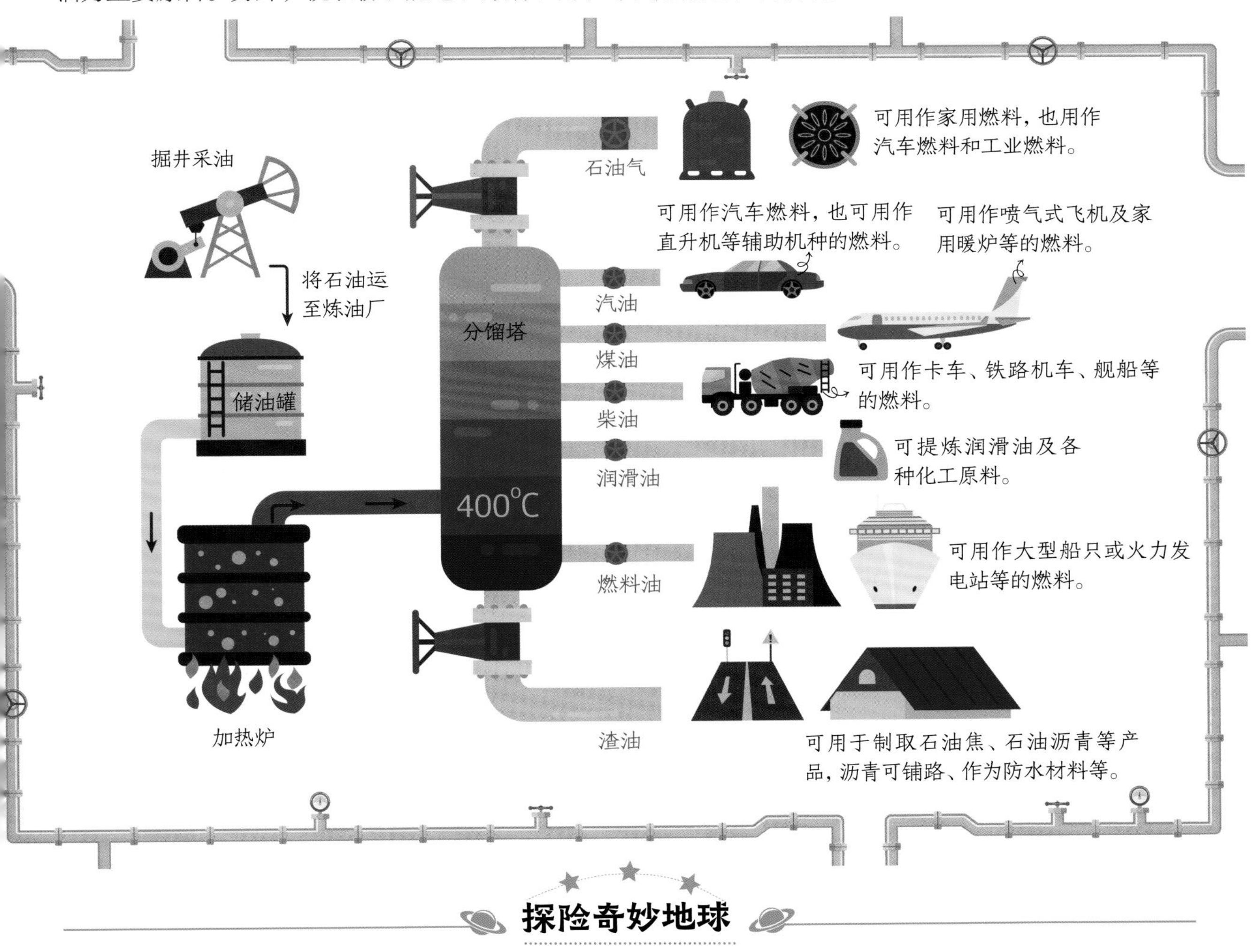

掘井采油
将石油运至炼油厂
储油罐
加热炉
分馏塔
400°C
石油气
可用作家用燃料，也用作汽车燃料和工业燃料。
汽油
可用作汽车燃料，也可用作直升机等辅助机种的燃料。
煤油
可用作喷气式飞机及家用暖炉等的燃料。
柴油
可用作卡车、铁路机车、舰船等的燃料。
润滑油
可提炼润滑油及各种化工原料。
燃料油
可用作大型船只或火力发电站等的燃料。
渣油
可用于制取石油焦、石油沥青等产品，沥青可铺路、作为防水材料等。

探险奇妙地球

OPEC 是石油输出国组织的英文简称，该组织于 1960 年 9 月 14 日成立，是一些石油生产国为协调石油政策与价格，反对国际石油垄断资本的控制而建立的国际组织，总部在奥地利首都维也纳。目前的正式成员国有 13 个，包括伊拉克、伊朗、科威特、沙特阿拉伯、阿联酋等。

岩石诞生记

我们脚下的地壳都是由岩石构成的，看似不起眼的岩石，身上却承载着地球遥远的记忆。可以说，人类对地球的认识几乎都来自对岩石的研究。岩浆岩、沉积岩、变质岩都是岩石家族的重要“成员”，而且它们还会在地球内、外力的作用下“大变身”。

岩石大循环

岩石处于不断循环和变化过程之中。岩浆喷出地表形成岩浆岩；地表岩石经侵蚀沉积形成沉积岩；岩石发生成分、结构上的改变而形成变质岩。各类岩石在地壳深处发生熔融作用，又产生新的岩浆。这些岩浆喷出地表再次开始进行上述运动。

开始
1.火山大喷发。
2.岩浆冷却凝固。
3.获得岩浆岩。
4.岩石破碎。
5.碎石随着水和风落入大海。
小的河流也在侵蚀着岩石。
被冰川侵蚀的岩石
岩屑被河流带到了谷底。
岩浆岩
风成沉积岩屑形成了沙丘。
火山口
熔岩流
三角洲也有岩屑沉积。
较重的岩屑在大陆架沉积。
岩浆上升通道
大陆架
岩浆的热量使周围的岩石变成变质岩。
挤压和褶皱使沉积岩转化成变质岩。
洋底的沉积层
沉积岩
大陆斜坡

岩石的循环

岩浆岩

岩浆岩是地下或喷出地表的岩浆冷却凝结而成的岩石。岩浆活动形成的岩石分为两大类：深成岩与火山岩。

当岩石圈里的岩浆在地下一定深处冷却时就形成了深成岩。花岗岩是深成岩的代表。深成岩冷却过程可长达数百万年，当覆盖其上的岩层受到侵蚀消失后，深成岩就会露出地面。

反过来，如果岩浆在地球表面冷却，就形成火山岩。玄武岩是火山岩的代表。

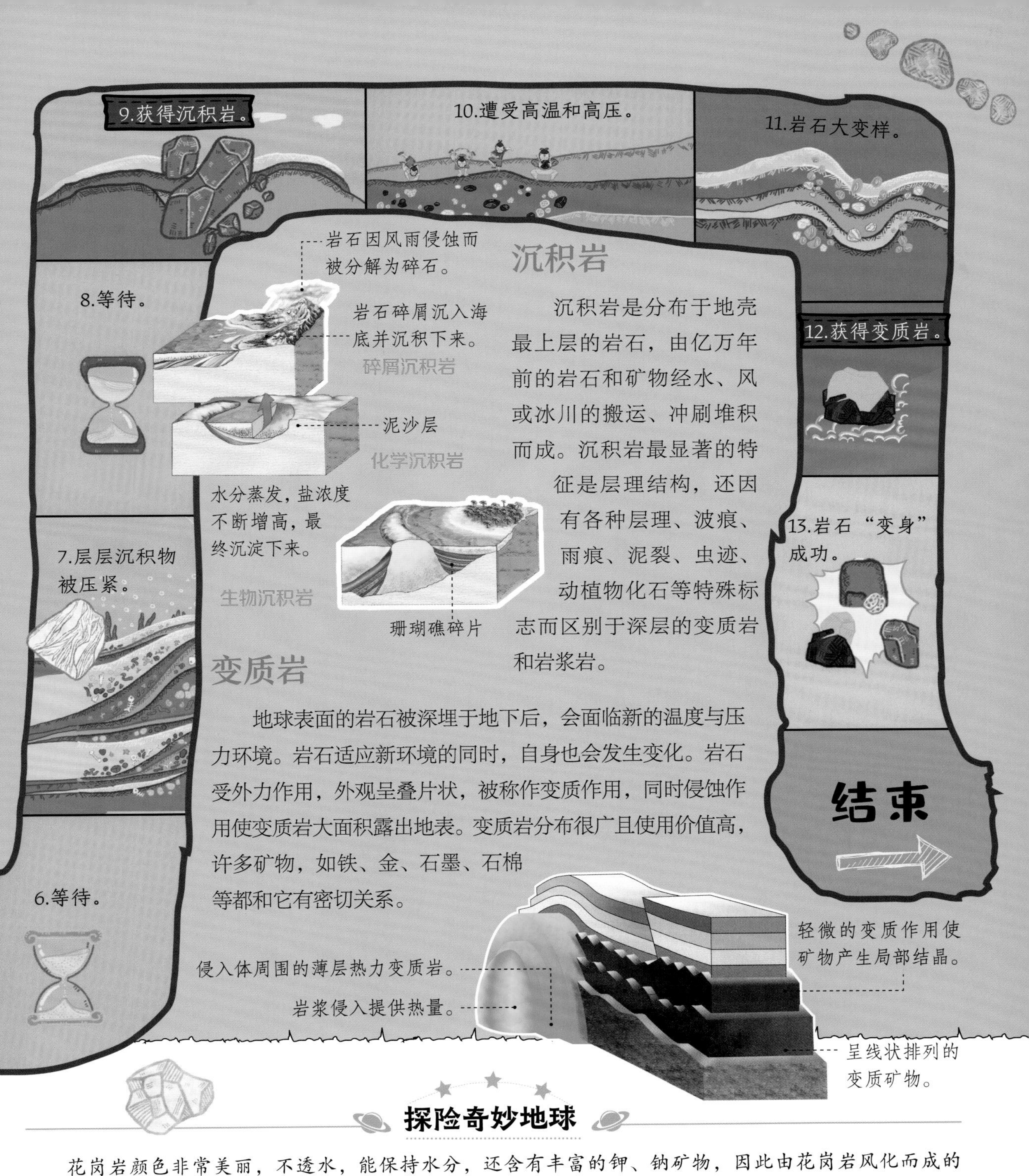
9.获得沉积岩。
10.遭受高温和高压。
11.岩石大变样。
12.获得变质岩。
13.岩石“变身”成功。
结束
8.等待。
7.层层沉积物被压紧。
6.等待。
岩石因风雨侵蚀而被分解为碎石。
岩石碎屑沉入海底并沉积下来。
碎屑沉积岩
泥沙层
化学沉积岩
水分蒸发，盐浓度不断增高，最终沉淀下来。
生物沉积岩
珊瑚礁碎片
轻微的变质作用使矿物产生局部结晶。
侵入体周围的薄层热力变质岩。
岩浆侵入提供热量。
呈线状排列的变质矿物。

沉积岩

沉积岩是分布于地壳最上层的岩石，由亿万年前的岩石和矿物经水、风或冰川的搬运、冲刷堆积而成。沉积岩最显著的特征是层理结构，还因有各种层理、波痕、雨痕、泥裂、虫迹、动植物化石等特殊标志而区别于深层的变质岩和岩浆岩。

变质岩

地球表面的岩石被深埋于地下后，会面临新的温度与压力环境。岩石适应新环境的同时，自身也会发生变化。岩石受外力作用，外观呈叠片状，被称作变质作用，同时侵蚀作用使变质岩大面积露出地表。变质岩分布很广且使用价值高，许多矿物，如铁、金、石墨、石棉等都和它有密切关系。

探险奇妙地球

花岗岩颜色非常美丽，不透水，能保持水分，还含有丰富的钾、钠矿物，因此由花岗岩风化而成的土壤特别肥沃。花岗岩总是出现在造山区域。中国的黄山、华山、衡山等，都是由花岗岩组成的。

数字里的地球之最

总面积为 479 万平方千米

南太平洋的珊瑚海总面积为 479 万平方千米，接近于中国陆地国土面积的一半，是世界上面积最大的海。

面积约 17967.9 万平方千米

太平洋是世界四大洋中面积最大的，面积约 17967.9 万平方千米，超过地球总面积的 1/3。

面积约 39.4 万平方千米

里海名叫海，实际上却是湖泊。它是世界最大的湖，同时也是最大的咸水湖，总面积约为 39.4 万平方千米，超过德国陆地国土面积。

面积达 1709.82 万平方千米

俄罗斯地处亚欧大陆的北部，领土横跨亚欧两大洲，面积达 1709.82 万平方千米，是世界上国土面积最大的国家。

海岸线总长约 1 万千米

智利海岸线总长约 1 万千米，南北长 4352 千米，东西宽仅 90~370 千米，东西距离与南北距离相差很大，是世界上地形最狭长的国家。

国土面积 0.44 平方千米

世界上最小的国家是梵蒂冈，它的面积小得令人称奇，国土面积只有 0.44 平方千米，相当于中国北京的天安门广场那么大。

一条舌头重达 2 吨

蓝鲸生活在海洋中，是世界上体形最大、最重的动物。仅一条舌头就重达 2 吨，心脏重达 500 千克。出生 7 个月的小蓝鲸，体重就有 23 吨重，身长可达十五六米，真是让人大开眼界。

年降水量为 4000 多毫米

爪哇岛西部的茂物，是世界上打雷最多的地方，被誉为“世界雷都”。茂物的年降水量为 4000 多毫米，平均每年有 216 个雨天，322 天有响雷，有时一天还会下好几场雨。

一头小蓝鲸长到 5 岁，就算成年了。

身高可达 **2** 米多

最大的有袋类动物是袋鼠。澳大利亚的袋鼠大概有 50 多种，最大的是红袋鼠，身高可超过 2 米。奔跑时速可达 50 ~ 60 千米。

袋鼠的尾巴很长，肌肉健壮，在跳跃时可以起到平衡的作用，休息时还能用来支撑身体。

象龟壳长达 **1.5** 米

象龟是陆生龟类中最大的一种，因其腿粗看起来很像大象腿而得名“象龟”。象龟还是有名的“瞌睡龟”，每天要睡 16 个小时。象龟龟壳长达 1.5 米，爬行时有 0.8 米高，重 200 ~ 300 千克，能驮着一到两人行走。

一生飞行超过 **240** 万千米

北极燕鸥是鸟类中的“飞行健将”，最远可以飞行 2 万多千米，每年往返就要飞 4 万多千米，这个距离能绕地球一周。北极燕鸥一生飞行超过 240 万千米，是地球到月球距离的好几倍。

最大可长到 **20** 米

鲨鱼是鱼类中的“大个子”，其中体形最大的就是鲸鲨。最大的鲸鲨可长到 20 米，体重可达 20 吨，是现存世界上最大的鱼类。

直径可达 **1.4** 米

生长在印度尼西亚的大王花是世界上最大的花。大王花有 5 个花瓣，直径可达 1.4 米，重达 15 千克，花的中央甚至可以装 5 千克水。

第一背鳍长而高，如同随风飘展的旗子。

尖长的喙状吻部，非常坚硬，可以攻击敌人。

狭长的尾鳍有助于快速游动。

游速可达 **120** 千米 / 小时

在众多鱼类中，如果单比游泳速度，冠军肯定是旗鱼。旗鱼的游速可达 120 千米 / 小时，比轮船还要快 3 倍。

一滴水的历险记

我可以在水蒸气、雨、雪三种形态中自由切换，是不是很厉害？

一滴普普通通的水，既无色也无味，它们有时在地下涌动，有时飘荡在云端，有时随着河流穿过森林和山谷，最终奔向远方的家园——海洋。来听听一滴水的历险故事吧！

有的小水滴是从陆地上蒸发到天空的，经过降水作用再次回到陆地，这个过程叫"内陆循环"。

有的小水滴飘得比较远，一路飞呀飞来到了陆地。在降水时又落进了河里，伴随着奔腾的河流流向大海。这就是"海陆间循环"。

水滴在高空遇冷变成了冰晶，水蒸气和冰晶组合在一起就成了天空中的云朵。

小水滴在太阳辐射和地球引力的作用下，蒸发成了水蒸气并飘向天空。

地下河

水循环

当水蒸气和小冰晶越聚集越多，最后变成了雨和雪，又回到了海里，开始下一次循环。人们称这个过程为"海上内循环"。

河流真是一名合格的马拉松选手！它们不仅是地球水循环的重要组成部分，也是陆地水资源流向海洋的重要通道！

河流：目标是大海

河流是地球上最出名的"长跑健将"，起点是山地高原，一路马不停蹄地向前奔跑，跨过高山、河谷、平原……争先恐后地奔向辽阔的大海。

按照注入地的不同，河流可以分为内流河和外流河，其中内流河主要流入内陆湖泊、沼泽或者荒漠，外流河则主要流入海洋。

尼罗河是世界上最长的外流河，全长6670千米，自南向北注入地中海。亚马孙河是世界第二大河流，位于南美洲北部，全长6480千米，也是世界上流域面积最大、支流最多的河流。

过五关斩六将

湖泊

在奔向海洋的过程中，河流会遇到拦路的高山，有时又会遇到深不见底的悬崖，顺着悬崖倾泻而下；有时则会遇到无法逃脱的洼地，一旦遇到，奔向海洋的目标就戛然而止，河流就变成了湖泊。这样看来，只有少数河流能最终流向海洋。

水圈的构成

水主要由氢、氧两种元素组成。

地球上所有水的体积只占地球总体积的0.02%。

地球的储水量十分丰富，约有14.5亿立方千米。

地球上的水97%是来自海洋里的咸水。

剩下的3%是淡水。

其中

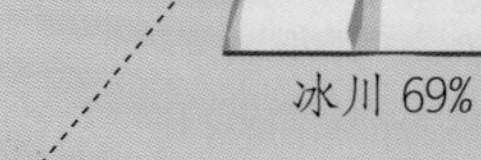

冰川69%

地下水30%

可饮用水1%

海水也是无色透明的。

大海

海与洋的区别

海和洋的区别表现在很多方面，从地形区域来看，海指的是大陆陆架和陆坡所占据的水域，而洋指的是海以外的水域；从占比面积来看，海是洋的边缘水域，是洋的附属部分，而洋则是海洋的主体部分；从水的深度来看，海的水深较浅，一般在几米到二三千米左右，而洋的深度一般在三千米以上，最深处可超过一万米。

安第斯山脉有许多海拔6000米以上、山顶终年积雪的高峰。
雪山
河流上游
沙漠地区
电站大坝
河水消失。
河水从地表渗漏下去。
三角洲地带土层深厚，土壤肥沃，是发展农业、开发油气田的绝佳地带！
沙洲
瀑布
河流下游
三角洲
沙岛
河口
大海
平原地区

瀑布从山壁或河床处突然降落。世界上最著名的三大瀑布是尼亚加拉瀑布、维多利亚瀑布和伊瓜苏瀑布。

大自然是个雕刻家

要说地球上最杰出的雕刻家是谁？当然非大自然莫属，它用风化和侵蚀这两件雕刻工具，让大自然的山水变换了模样，无论是雅丹地貌、沙漠蘑菇石，还是风蚀湖、喀斯特地貌，全都是大自然的雕刻杰作。快来一起欣赏这些大自然的雕刻作品吧！

你们看，这是大自然亲自为我操刀设计的新发型，是不是很酷呢？

风化与侵蚀

欣赏大自然的雕刻作品前，先来了解了解它的雕刻工具吧！通常，这位雕刻家最常用的雕刻工具有两个，分别是风化和侵蚀，这两个工具既能单独使用，又能组合在一起使用，它们就像魔法师手中的魔法棒一样，轻轻挥动一下，就能让地表的岩石随着时间的推移慢慢改变形态，呈现出千奇百怪的奇特造型。

甘肃张掖丹霞地貌

张掖丹霞地貌色彩斑斓、岩壁陡峭、分布广阔，是中国丹霞地貌发育最大、最好、地貌造型最丰富的地区之一。

意大利萨丁岛北部的“熊石”

在意大利萨丁岛北部，有一块巨大的形似大熊的石头，身上有很多经过风蚀作用而形成的大小不一的窟窿。

敦煌月牙泉坐落在鸣沙山腹地，呈东西走向，状如弯月，水体最深处有40米。

被风吹出来的湖

在干燥少雨的地方，大自然会挑选地表比较松散的地方，然后通过风化和侵蚀雕刻出不少洼地，这些洼地的形状有大有小，造型各异。当地下水注入，这些洼地就会变成独特的风蚀湖，它们就像风吹出来的湖泊一样，成为干旱地区的独特景观。

敦煌月牙泉就是极为典型的受风蚀作用而形成的风蚀湖。

新疆乌尔禾魔鬼城

丹霞地貌

风的匠心——雅丹地貌

大自然雕刻的又一件杰作，非雅丹地貌莫属。它主要出现在干旱少雨的地方，是风化和风蚀作用形成的典型地貌。从外形来看，雅丹地貌就像地面上隆起的一个个陡峭的小山包，密密麻麻的。

海拱石
海蚀洞
海蚀崖
海蚀柱

海蚀地貌

贵州梵净山蘑菇石

正在消失的澳大利亚“十二使徒岩”

霍伊老人岩石由坚硬的红色砂岩组成，是海蚀柱景观的典型代表。

侵蚀而出的喀斯特地貌

除了坚不可摧的岩石外，地球上还分布着不少可溶性岩石，如果地下水和地表水不断地侵蚀这种可溶性岩石，就会形成典型的喀斯特地貌，这也是大自然的雕刻作品之一，同时也是滴水穿石的最好印证。云南石林就是地上喀斯特地貌的典型代表。

云南石林

探险奇妙地球

红色砂砾岩经过长时间的风化和流水侵蚀、重力坍塌等多重外力侵蚀作用而形成独特的丹霞地貌，而雅丹地貌是典型的风蚀地貌的代表，多形成于干旱地区。岩层在强风吹蚀和岩石的磨蚀作用下，岩层松散的地方，遭受风力剥蚀作用明显，会逐渐形成向里凹的形态，在重力作用下容易垮塌或形成陡壁，外形如同古堡，也被称为“魔鬼城”。著名的新疆乌尔禾魔鬼城就是典型的雅丹地貌。

有话说的地球景观

海洋总面积约占地球表面积的 **71%**

地球是一个美丽和充满奇迹的地方，大自然的鬼斧神工打造出很多奇妙景观，这是地球对人类的馈赠。一天，地球召集各自然景观开会，大伙儿踊跃发言……

海洋：地表“一哥”

海洋总面积约为 **3.6 亿**平方千米

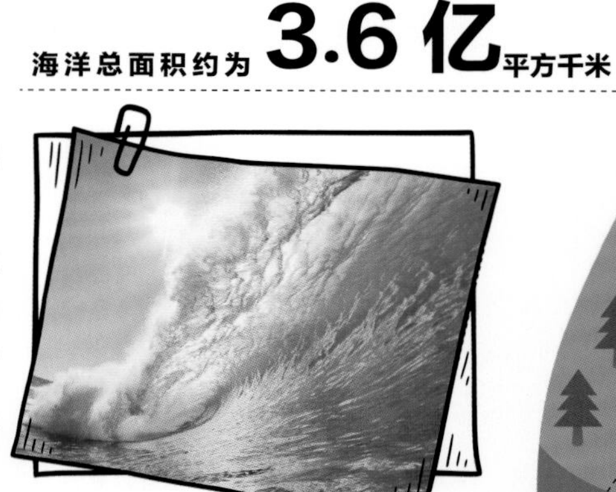

我是海洋，是地表被各大陆地分隔为彼此相通的广大水域的总称，由太平洋、大西洋、印度洋和北冰洋四个主要大洋组成。我总面积约为 3.6 亿平方千米，约占地球表面积的 71%，是名副其实的地表“大哥”。正因为有了我，地球才成为漂亮的蓝色星球！

森林约占地球表面积的 **9.5%**

森林：地球之肺

我是森林，是地球最大的陆地生态系统，大约占地球表面积的 9.5%、陆地总面积的 32%，对维系整个地球的生态平衡起着至关重要的作用，是人类赖以生存和发展的环境资源。人类对我的评价可高了，诸如“地球之肺”“绿色宝库”“防风长城”等等。

亚马孙雨林中高大挺拔的树木遮天蔽日。

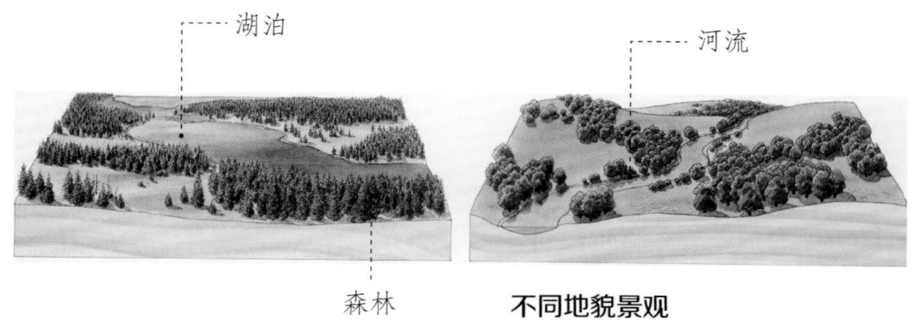

湖泊
河流
森林

不同地貌景观

森林总面积约占地球陆地总面积的 **32%**

湖泊不是静止的

湖泊是在陆地上相对封闭的洼地中汇积的水体。它是湖盆和运动水体相互作用的自然综合体，并参与自然界中物质和能量的循环。同时，湖泊也不是一成不变的静止水体，它们是不断在自然界中进行物质与能量循环的动态综合体。

冰川面积约占地球陆地总面积的 **11%**

冰川：淡水“水库”

我是冰川，是极地或高山地区的天然冰体，是多年积雪经过压实冻结形成的，是地表重要的淡水资源。我有 1600 多万平方千米，约占地球陆地总面积的 11%。我在极地被称为大陆冰川，在高山被称为山岳冰川或高山冰川。中国的冰川都属于山岳冰川，如著名的天山冰川等。

角峰
冰斗
冰后隙
中碛
冰隙
侧碛
岩屑堆
冰川支流
“U”形谷
冰底碛
基岩
主冰川注入山谷

冰蚀地貌

草原总面积约为 **3400 万**平方千米

草原：辽阔的草地植被

我是不受地下水或地表水影响而形成的地带性草地植被，世界上的草地面积约为 3400 万平方千米，约占陆地总面积的 24%，比耕地面积约大一倍。我在七大洲的分布极不均衡，由于所处地理位置的差异，大小也各有不同。

湿地沼泽

湿地是更广义范围的沼泽地，泛指天然或人工、长久或暂时的沼泽地、湿原、泥炭地或水域地带，不仅仅有我们传统认识上的沼泽、湖泊、泥炭地等，还包括生态功能有限的人工湿地。湿地与森林、海洋并称地球三大生态系统，有“地球之肾”的美称。

峡谷：地球记号

在谷坡陡峻、深度大于宽度的山谷中，当地面抬升速度与河流猛烈的下切侵蚀作用协调时，最易形成我。我在地球上最广为人知的代表是位于美国的科罗拉多大峡谷。

草原总面积约占陆地总面积的 **24%**

沙漠，不只有沙子

你小时候是不是也喜欢玩儿沙子？有一个地方，那儿有许多沙子，这个地方就是沙漠。你能想象目之所及看到的几乎只有沙子吗？那么，沙漠是怎样形成的呢？沙漠里有什么有趣的动植物呢？

沙子从哪儿来

沙漠是指地面完全被沙子覆盖，空气干燥、雨水很少的荒芜地带，地表多沙丘，有时也会出现沙下岩石。这些沙子是从哪儿来的呢？它们主要由岩石风化而成。白天，太阳炙烤着岩石；夜晚，气温骤降，岩石随之变凉。

岩石一年年地经历热胀冷缩，渐渐变脆，最终碎裂成沙砾。在干旱、多风的环境中，细小的沙子随风滚动，聚集成沙丘，沙丘越来越多，便形成了沙漠。

蘑菇石
干谷
横沙丘
岩漠
新月沙丘
风蚀柱
干盐湖
沙漠盆地
风蚀洼地
肥沃的绿洲

荒漠地貌剖面图

沙子的“歌声”可以传到15千米之外。

会“唱歌”的沙子

在一些沙漠地带，当人们在沙丘上滑动时，沙子会发出奇异的响声，有的像汽车轰鸣，有的像青蛙鸣叫，有的像管弦鼓乐般隆隆作响。

敦煌鸣沙山月牙泉

大小和形状相似的沙子振动频率相同，约为100次/秒。

沙子大小不同，产生的音调也各不相同。

全世界约有100多处鸣沙区。为什么会有鸣沙现象呢？科学家们看法不一。有的认为是电荷的相互作用，有的认为是沙子在流动中的共鸣，有的认为是沙粒互相碰撞造成的。

中国有三座著名的鸣沙山，分别是甘肃敦煌的鸣沙山、内蒙古达拉特旗的响沙湾和宁夏中卫的沙坡头。

不同形状的沙丘

沙丘是最典型的风积地貌，是沙漠中的主要地形。沙丘常常以它们的形状来命名，例如金字塔状沙丘、新月形沙丘、沙垄等。根据沙的数量、风向的变化和植被的数量等，可将沙丘大致分为3种类型：横向沙丘、纵向沙丘和多方向风作用下的沙丘。新月形沙丘属于横向沙丘，沙垄属于纵向沙丘，而金字塔状沙丘则属于多方向风作用下的沙丘。

沙丘的头部和尾部

风从岩石露头的上方和周围吹过。

沙漠中常见的岩石露头对风起阻挡作用。

沙丘的尾部填补了障碍物后的背风区。

沙在障碍物前堆积起来，形成沙丘的头部。

我的地球课堂

位于非洲的**撒哈拉沙漠**是世界最大的沙漠，大约在250万年前就已形成，面积约966万平方千米，几乎占满整个非洲北部。

撒哈拉沙漠气候干燥，绝对最高气温可超过50°C，地表温度高达70°C。

位于新疆塔里木盆地中心的**塔克拉玛干沙漠**，是中国最大的沙漠，也是世界第二大流动沙漠。

沙漠蜥蜴

沙漠里的动植物

巨柱仙人掌

因为缺少水源，沙漠让很多动物都望而却步。但有些动物却很顽强，比如骆驼、沙漠蜥蜴、响尾蛇等。为了保持身体里的水分，有些动物甚至可以连续几天不吃不喝。沙漠中也有很多顽强的植物，为了减少蒸腾作用的耗水量，这些植物叶片的体积很小，如仙人掌的叶子就变成了针一样的硬刺。北美洲索诺拉沙漠里的巨柱仙人掌，十分高大，是仙人掌里的“巨无霸”。绿玉树、百岁兰、芦荟、胡杨等也是沙漠里的常见植物。

横向沙丘

在多沙的地方形成了横向沙丘。其丘脊与最强风的方向垂直。

新月形沙丘

新月形沙丘比较常见。许多新月形沙丘连在一起，就形成了壮观的沙丘链。

纵向沙丘

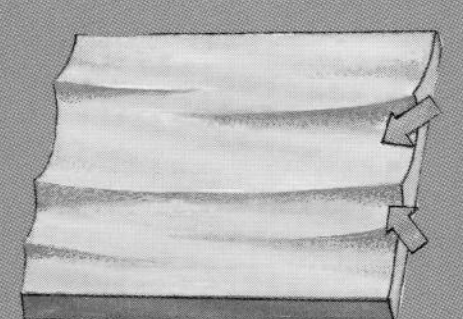

纵向沙丘的特点是长长的沙垄与风的方向平行，大多形成于沙子稀少和风从两个方向吹来的地方。

金字塔状沙丘

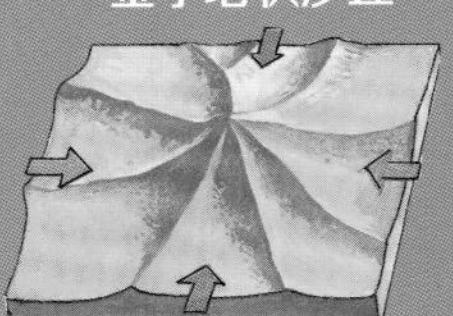

金字塔状沙丘是风从各个方向吹来造成的。

抛物线形沙丘

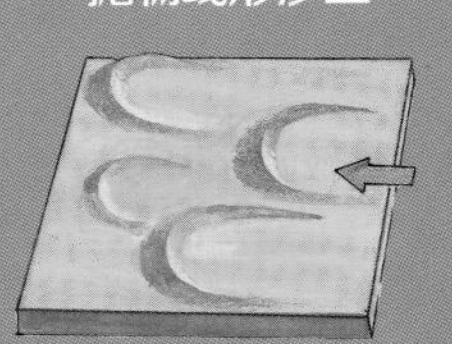

抛物线形沙丘常见于海岸，其两翼常因植物而变得稳定。

动物搬家啦

每年旱季到来时，在东非草原上都会上演一场惊心动魄的“大戏”，那就是——东非草原动物大迁徙。数百万的草食性动物，从坦桑尼亚的塞伦盖蒂草原出发，走过茫茫草原，蹚过河流，向着肯尼亚的马赛马拉国家公园进发，再从东南路线返回，往返1000多千米。

我们先走一步！尽管前方有危险，但是为了活着，我们只有拼尽全力！
你猜猜我到底是牛，还是马？

斑马：向着有草的地方出发

每年6月份左右，坦桑尼亚的塞伦盖蒂草原就进入了旱季，食物越来越少。斑马最喜欢草茎的顶端部分，因此，它们是最先发生食物危机的动物。为了找到鲜嫩的青草和充足的水源，穿着条纹衫的斑马们不得不迁徙。大约有30万匹斑马打头阵，一路向前。

角马：我们才是迁徙的主角

随后上路的是角马队伍，这是一支超过150万匹角马的队伍。角马因为数量众多而成为迁徙大军的主角，它们紧跟在斑马后面，吃斑马啃食过的草根。每年7~9月，角马为了吃到鲜嫩的青草，也不得不向远方进发。

如果你认为这对角马来说，只是一次长途旅行，那就错了。在大迁徙中，杀机四伏，每年都有约25万匹角马在迁徙的路上死去。

瞪羚：年度大戏，我们收官

瞪羚走在队伍的最后，它们是大迁徙的“压阵官”。每年大约有 50 万只瞪羚参加迁徙，角马走过的地方，会长出新的嫩草，这正是瞪羚最中意的美食。

除了斑马、角马、瞪羚这些大迁徙的主力军外，非洲象也会参与迁徙，甚至刚出生的小象也要在迁徙中小试身手，如果跟不上队伍，就会惨遭淘汰。大自然在这里表现出它无情的一面。

参与迁徙的还有被称为“非洲草原上的芭蕾舞者”的猫鼬，它们长得很有喜感，个性古灵精怪。如果食物匮乏，它们一年中就要迁徙不止一次了。

角马走过之后留下的粪便会滋养土地，新鲜的嫩草会生长出来，一切都是最好的安排呀！

猫鼬
半数以上的猫鼬集中在非洲。

差那么一点儿，就追上了！

还好我跑得快，差点儿就成了非洲豹的晚餐。

冷酷的杀手

在迁徙的路上埋伏着很多“杀手”。比如非洲豹和非洲狮，它们常常潜伏在深草丛中，当斑马、角马们安静地吃草时，它们便伺机而动，经常是“百发百中”。最有心机的要数水中的鳄鱼了，它们潜伏在水里，当斑马、角马们跃入水中时，鳄鱼们便会出其不意地张开嘴，一口下去，就能把猎物咬得死死的。

主打的就是一个出其不意，攻其不备！

新生命，新希望

草食性动物们像割草机一样，一寸寸地啃食着草原上的青草。然而，生命循环往复，草原以它强大的生命力养活了几百万只草食性动物。尽管很多动物会在大迁徙的途中死去，但依然会有新生的斑马和角马出现在返程途中。优胜劣汰的故事每年都在重复上演，但大自然生生不息，也总会带来新的希望。

神奇的冰世界

南北两极都是被冰雪覆盖的银色世界。放眼望去，满目的晶莹剔透和纯洁无瑕，透露出一股纯净的美。虽然都是冰雪，但冰川、冰架、冰山却各具特色，它们共同构成了两极地区的亮丽风景线。

莲叶冰因彼此间互相碰撞而具有隆起的边缘。

海冰：海水冻结成冰

海冰是海洋中一切冰的统称。由海水直接冻结的冰，有一个缓慢的形成过程。当表面海水温度下降到 -2℃以下时，就会出现针状或薄片状的细小冰晶，冰晶浮上海面后，进一步形成油脂状冰。随着大量冰晶在海面上下继续冻结，冰层厚度不断加大，逐渐增长为直径几十厘米到几米的冰盘，仿佛海面上漂浮着一片片莲叶，因此这种海冰也被称为“莲叶冰”。随着海冰厚度继续增加，最终形成覆盖在海面上的灰冰和白冰。

我的地球课堂

世界冰川覆盖面积占陆地总面积的**11%**，冰川不仅是地球上最大的淡水资源，也是除海洋以外最大的天然水库。

冰川融化将导致**海平面上升、海水淡化**，并影响到**海洋生物**的生存环境。此外还会使全球气候发生改变，造成生态环境破坏等一系列严重后果。

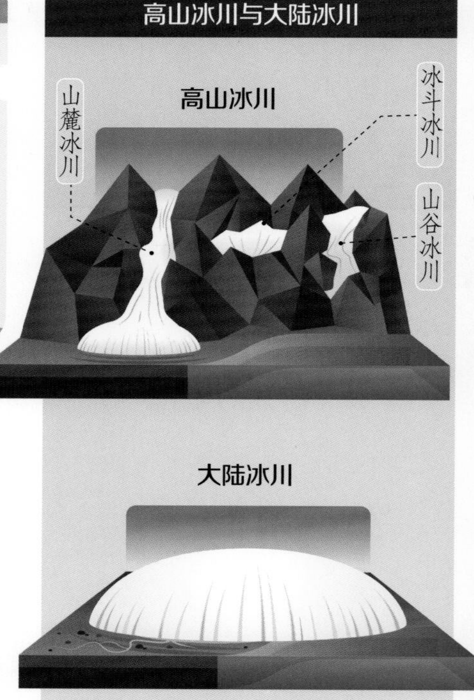
高山冰川与大陆冰川
高山冰川
山麓冰川
冰斗冰川
山谷冰川
大陆冰川
大陆冰川是一片广阔的冰层，完全覆盖着其下所有地形地貌。

高大的冰川

冰川是极地或高山地区多年存在并具流动性的天然冰体，由多年积雪结晶聚积而成。南极的冰川几乎覆盖了整个南极大陆，被称为大陆冰川，如南乔治亚岛的彼得斯冰川，它的存在让南乔治亚岛一半是冰天雪地的世界，另一半则生长着冻土植物。高山上的冰川被称为高山冰川，也称山岳冰川，中国的冰川大都属于高山冰川。

彼得斯冰川

冰盖：冰川大陆

冰盖是指冰川连续不断地覆盖了超过 5 万平方千米的陆地，也称冰川大陆。目前，世界上仅有南极和格陵兰两大冰盖。南极冰盖平均厚度达 2450 米，总体积约 2867 万立方千米，占世界总冰量的 90%，如果南极冰盖全部融化，海平面将上升 60 米左右。

罗斯冰架冰壁陡峭，异常险峻，填满了南极的一个巨大海湾。

大小不一的冰架

冰架是陆地冰延伸到海洋的部分，多分布在南北两极，面积有大有小，大的可达数十万平方千米，如罗斯冰架。如果冰架前缘崩解并脱落就会成为冰山。

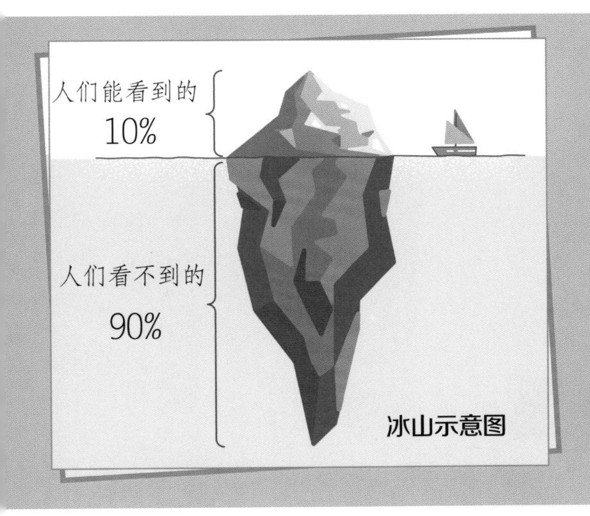

人们能看到的
10%
人们看不到的
90%
冰山示意图

蓝色冰山

蓝色冰山是冰山呈现出来的一个独特现象。由于冰川内部的压力把空气逐渐挤出，慢慢就变得晶莹剔透，阳光照射冰山时，光谱中的红、橙光被吸收，蓝光被散射，因而形成了美丽的蓝色冰川。这与天空因大气层对光的散射、海水对光的散射而呈现出蓝色的原理是相同的。

大如山川的冰山

冰山是脱离了冰川或冰架、大小如高山一般的冰体，可以随着洋流漂到更温暖的地方，然后彻底融化。虽然冰山密度比海水低，但体积、重量往往很大，海水的浮力不足以完全托起它，因此 90% 的冰山“沉”在水下，海面上看到的只是冰山一角。也正因为如此，冰山一向是海上航行的轮船的克星，历史上曾发生过很多轮船因撞上冰山而沉没的悲剧，比如著名的泰坦尼克号。

探险奇妙地球

在南北两极海域，当温度降到一定程度（一般为零下几十摄氏度）时，海水里的盐分会被析出，海水结冰并呈柱状向海底延伸，冰柱所到之处的海洋生物都会被冻死。因此，这一自然现象也被称为“死亡冰柱”。

大气层：地球的外衣

我们的地球，由一层叫大气的气体包围着，它像一件厚实的外衣，为地球上的生命提供舒适的温度，保护地球及生命不受到辐射伤害，为生命的繁衍创造了一个理想的环境。虽然我们看不见也摸不着它，但它无时无刻不在变化着，保护着我们。

认识地球大气

构成部分

由各种气体构成，主要由氮气与氧气、水和灰尘混合而成。

大气厚度

大约有500千米厚。

地球分层

分为对流层、平流层、中间层、热层和外逸层五部分。这五部分逐级递增，向太空延伸。

Q 空气怎么产生对流运动？

Q&A

A 首先太阳光照到地面上，先将地面加热，再由地面将热能传给大气，因此温度随高度增加而递减。低处暖空气受热膨胀上升，而高处冷空气冷缩下降，从而产生高低空气对流现象。这样的气体对流促进了热量和水分传输，便形成了云、雨、雪等天气现象。

- 距地表最近，因空气中存在强烈的**对流运动**而得名 。
- 位于地面上 **8~18** 千米处，由于风、雨、雷、电等天气现象都汇集在这里，所以也称**气象层**。
- 这里集中了整个大气层质量的 3/4 和几乎全部水汽。

对流层

外逸层大气密度低，热传导快，是自由运动粒子的组合体。
极光、流星等天文现象常发生在这一层。
来自星际空间的微小天体坠落到这里，受到冲击的空气会释放出极高的热量，把这些天体燃烧殆尽。

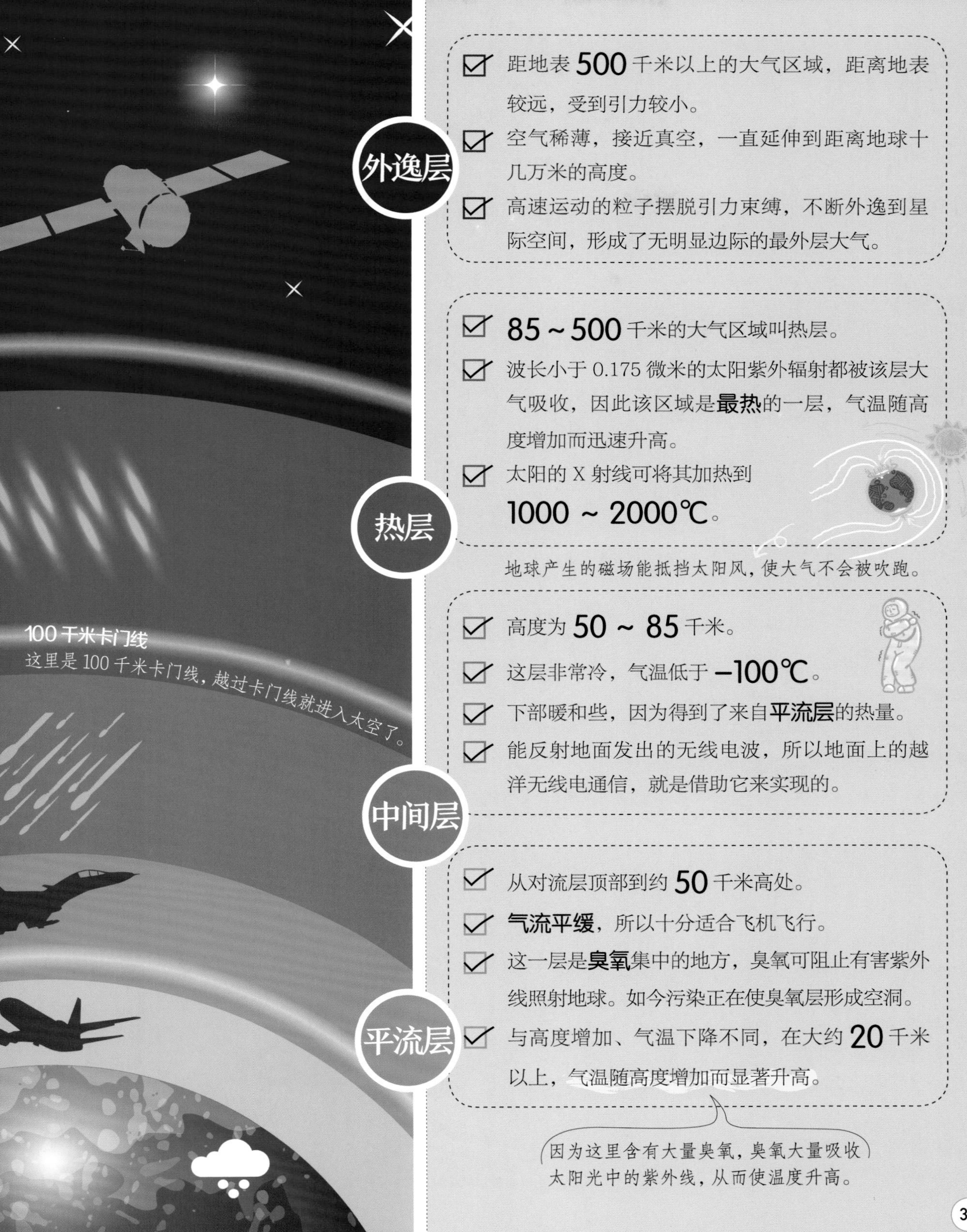

外逸层
热层
100 千米卡门线
这里是 100 千米卡门线，越过卡门线就进入太空了。
中间层
平流层

外逸层

- 距地表 **500** 千米以上的大气区域，距离地表较远，受到引力较小。
- 空气稀薄，接近真空，一直延伸到距离地球十几万米的高度。
- 高速运动的粒子摆脱引力束缚，不断外逸到星际空间，形成了无明显边际的最外层大气。

热层

- **85～500** 千米的大气区域叫热层。
- 波长小于 0.175 微米的太阳紫外辐射都被该层大气吸收，因此该区域是**最热**的一层，气温随高度增加而迅速升高。
- 太阳的 X 射线可将其加热到 **1000 ~ 2000℃**。

地球产生的磁场能抵挡太阳风，使大气不会被吹跑。

中间层

- 高度为 **50 ~ 85** 千米。
- 这层非常冷，气温低于 **−100℃**。
- 下部暖和些，因为得到了来自**平流层**的热量。
- 能反射地面发出的无线电波，所以地面上的越洋无线电通信，就是借助它来实现的。

平流层

- 从对流层顶部到约 **50** 千米高处。
- **气流平缓**，所以十分适合飞机飞行。
- 这一层是**臭氧**集中的地方，臭氧可阻止有害紫外线照射地球。如今污染正在使臭氧层形成空洞。
- 与高度增加、气温下降不同，在大约 **20** 千米以上，气温随高度增加而显著升高。

因为这里含有大量臭氧，臭氧大量吸收太阳光中的紫外线，从而使温度升高。

地球“表情包”

天气与人们的生活息息相关，不同的天气也会带给我们不同的心情。风、雨、雷、电、雪、雾、霜等多彩变幻的天气现象就像丰富的地球“表情包”，是我们生活的晴雨表，而它们形成的原因令人惊叹，原来天气大有学问！

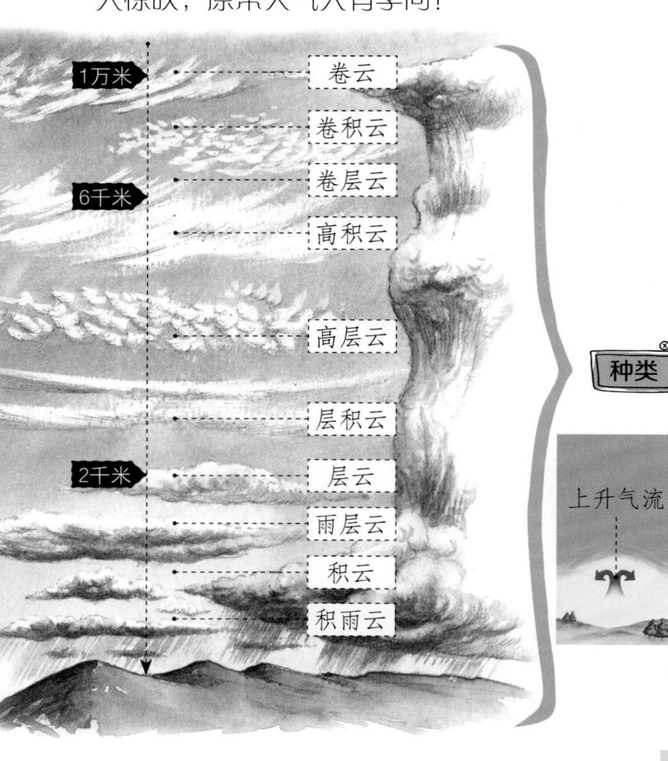

1万米
卷云
卷积云
卷层云
6千米
高积云
高层云
层积云
2千米
层云
雨层云
积云
积雨云

云

火烧云

火烧云可以预测天气，例如民间流传的谚语“早烧不出门，晚烧行千里”。

组成

飘浮在天空中的云彩多是由小水滴或小冰晶混合在一起组成的。这些小水滴的直径通常只有 0.01 ~ 0.02 毫米。这些大气中的微小颗粒，接近地面时就形成了雾。

种类

上升气流

大地变暖

晴天太阳使大地变暖，地面附近的空气受热上升。

膨胀冷却

云的形成

暖空气上升后变冷，所含水汽凝结后形成云。

云的扩展

天空出现羊毛状云。云越来越大，此时冷空气正在里面环流。

雨

形成

云滴在凝结和凝华的过程中不断吸收周围的水汽。当水汽能够源源不断地供应时，云滴会不断增大最终成为雨滴。

表现形态

有毛毛细雨，有连绵不断的阴雨，还有倾盆阵雨。

雷阵雨

属于对流雨，主要产生在积雨云中。气流升降强烈，速度为 20~30 米/秒，云中带有电荷，所以积雨云常发展成大暴雨，并伴随着电闪雷鸣。

雨势

日降水量不足 10 毫米的雨势称为小雨；10 毫米到 24.9 毫米的雨势称为中雨；25 毫米到 49.9 毫米的称为大雨；50 毫米或以上的称为暴雨。

雨的形成

湿空气被山体抬升。

山顶出现降雨。

空气下降时温度升高并变得干燥。

向风面

背风面

有云才有可能下雨，乌云笼罩即是下雨的前兆。

 爪哇岛西部的茂物平均年降水量4000多毫米，一年平均有216个雨天、322天响雷。

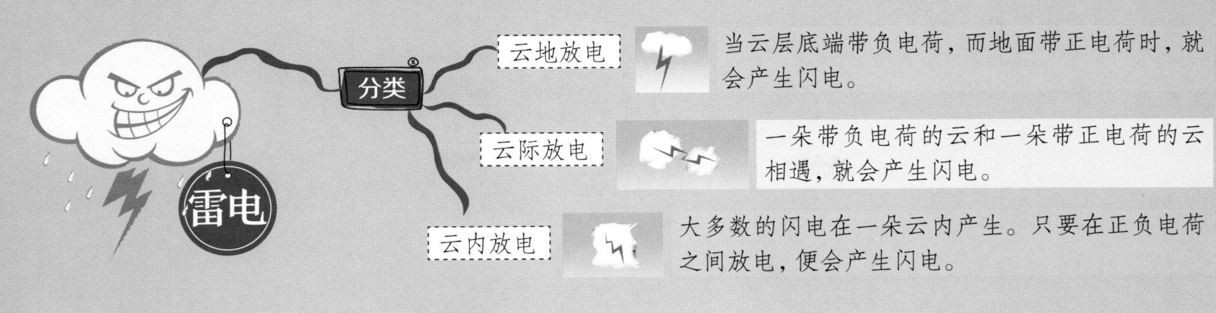
雷电
分类
云地放电
当云层底端带负电荷，而地面带正电荷时，就会产生闪电。
云际放电
一朵带负电荷的云和一朵带正电荷的云相遇，就会产生闪电。
云内放电
大多数的闪电在一朵云内产生。只要在正负电荷之间放电，便会产生闪电。

冰晶在-20～-40℃的云层中形成。冰晶在下落过程中逐渐变温而聚集在一起，然后再结冻，就形成了雪花。

组成雪花的冰晶形态各不相同，在放大镜下可以看到其形状都是六角形。

雪的形成
雪花形态
雪
雪的形成
暖空气上升
雨
有些冰晶在下降途中融化，形成冻雨。
冻结的冰晶落下后形成雪。

空气一直处于不断的运动中，空气的流动就叫风。阳光的照射使得陆地和海洋某些地区上空的空气受热，热空气上升，四周的冷空气流过来进行补充，便形成了风。

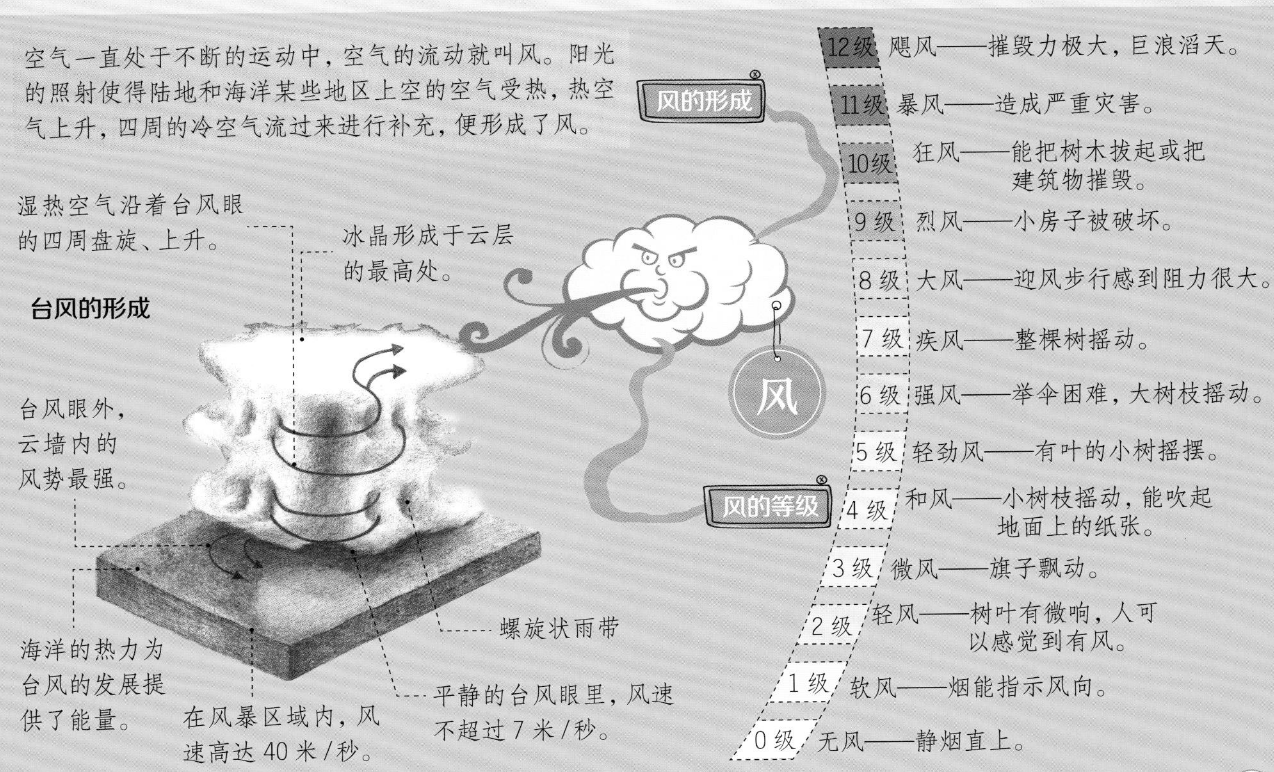
风的形成
风
风的等级
12级 飓风——摧毁力极大，巨浪滔天。
11级 暴风——造成严重灾害。
10级 狂风——能把树木拔起或把建筑物摧毁。
9级 烈风——小房子被破坏。
8级 大风——迎风步行感到阻力很大。
7级 疾风——整棵树摇动。
6级 强风——举伞困难，大树枝摇动。
5级 轻劲风——有叶的小树摇摆。
4级 和风——小树枝摇动，能吹起地面上的纸张。
3级 微风——旗子飘动。
2级 轻风——树叶有微响，人可以感觉到有风。
1级 软风——烟能指示风向。
0级 无风——静烟直上。
台风的形成
湿热空气沿着台风眼的四周盘旋、上升。
冰晶形成于云层的最高处。
台风眼外，云墙内的风势最强。
螺旋状雨带
海洋的热力为台风的发展提供了能量。
在风暴区域内，风速高达40米/秒。
平静的台风眼里，风速不超过7米/秒。

来自太空的“礼物”

茫茫太空，每天都有“天外来客”造访地球，每年降落在地球上的外太空物质总量约有20多万吨。此外，还有人类积极探索太空，利用星际“快递车”带回来的“太空赠礼”，这些神秘的太空“礼物”让我们可以更好地了解宇宙，一起来看看吧！

中国探月工程“绕、落、回”三步走

2004年
◆中国探月工程立项。

嫦娥一号
2007年10月
◆绕月探测。
◆38万千米测控通信。

嫦娥二号
2010年10月
◆多目标探测。
◆700万千米测控通信。

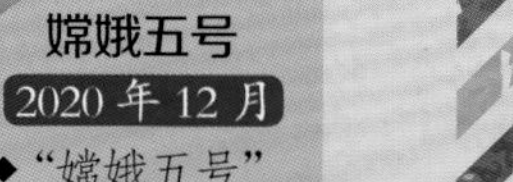

嫦娥三号
2013年
◆“嫦娥三号”和“玉兔号”月球车登陆月球正面。
◆数亿千米深空测控网。

嫦娥四号
2019年1月
◆“嫦娥四号”着陆器和“玉兔二号”月球车成为人类历史上第一个登陆月球背面的航天器。

嫦娥五号
2020年12月
◆“嫦娥五号”带着月壤和岩石样品返回地球。
◆全球覆盖深空测控网。

月壤快递，请签收

自美国从月球带回约382千克月球样品的50多年后，中国“嫦娥五号”从月球采集了共1731克月壤和岩石样品。

月壤是小天体和陨石撞击月球表面的岩石粉碎形成的，颗粒呈多边形，棱角突出，摩擦力大，脚踩上去之后更容易压实成形。月球上没有水、空气和微生物，月壤也不能种植庄稼。但这份珍贵的礼物意义重大，对科学研究的价值无法估量。

月壤样品

其他
镁
铝
钙
铁
硅
氧

月壤成分

看不见的礼物——微陨星

星际空间的尘埃微粒过小以至于不足以产生流星现象，而是以尘埃的形式飘浮在大气中并最终落到地面上，被称为微陨星。陨石只占所有天外来客的一小部分，这些我们肉眼都很难看到的尘埃才是真正的“大头”。每年差不多有5200吨微陨星来给地球增重，幸运的是，这些小东西不会伤害我们。

目的地：地球

陨铁

陨铁石

陨石

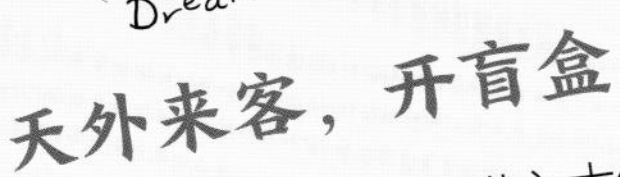

天外来客，开盲盒

大质量的流星体进入大气层，没有完全燃烧的就落到地球表面，成为陨石。这些“天外来客”是宇宙给我们的一份“惊喜”，它们带着宇宙的奥秘来到地球，等着我们去揭秘。

落在地面的陨星多分成两类，石质的叫陨石，铁质的叫陨铁。陨石的数量远大于陨铁，落在地球上的陨星中90%以上都是陨石。最罕见的是陨铁石，它既含有岩石又含有金属，仅占陨星总数的1%左右。

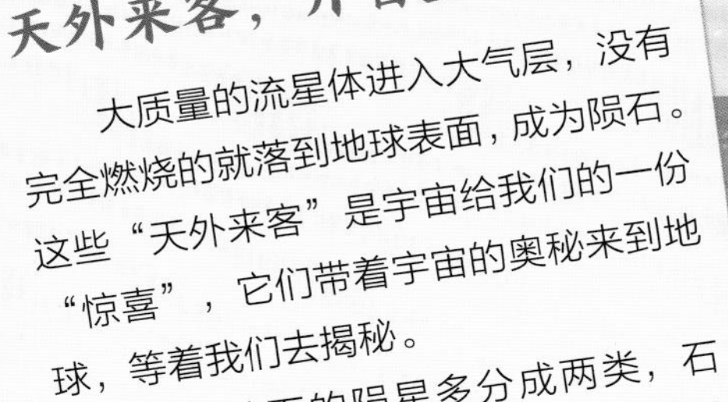

纳米比亚霍巴陨石，重约60吨，已在地球上定居近8万年，年龄在2亿~4亿年，是已知的坠落地球的最重陨石。

美国亚利桑那州巴杰林陨石坑，是已知最年轻的陨石坑，大约在5万年前造访过地球。

通古斯事件

地球上最大的一次撞击事件发生在俄罗斯西伯利亚的通古斯地区。据传，1908年6月30日，一颗直径不到100米的小行星，以约30千米/秒的速度闯入通古斯上空，在距地面6000米处爆炸，爆炸释放的能量相当于1000枚投在广岛的原子弹，令2000平方千米范围内的森林被尽数推倒。这就是著名的通古斯事件。

项目统筹：杨 静
文图编辑：杨 静
文稿撰写：木 梓

美术编辑：任贤贤 刘晓东
封面设计：罗 雷
版式设计：张大伟

图片提供：视觉中国
站酷海洛
全景视觉